インプレスR&D［NextPublishing］

New Thinking and New Ways
E-Book / Print Book

「ハードウェアのシリコンバレー深圳（深セン）」に学ぶ

藤岡 淳一 著

これからの製造のトレンドとエコシステム

たった一人で深圳へ乗り込んだ、
若き経営者の10年奮闘記

impress R&D
An Impress Group Company

はじめに

本書は「ハードウェアのシリコンバレー」として世界の注目を集める広東省深圳市がどのような変遷をたどって今の地位を築いたのか、2001年から深圳で電子機器製造に従事する筆者の人生を通じて解き明かす一冊である。

広東省深圳市は中国の南部、香港のすぐ北に位置する都市だ。統計によると、現在の人口は1,400万人。北京市、上海市、広州市と並ぶ中国の4大都市の一角を占めている。

なぜこの街が「ハードウェアのシリコンバレー」と呼ばれているのか。スタートアップ（新しいビジネス分野を開拓する新興企業）といえばインターネット・サービスが中心だったが、ここ数年はIoT（Internet of Things、モノのインターネット。デバイスや家電、センサーなどさまざまなモノがインターネットに接続することで生まれる新たなサービス）の流行もあり、ハードウェア・スタートアップが活発化している。

そして、世界中のソフトウェア・エンジニアがシリコンバレーに集まるように、深圳には世界中からハードウェアの開発者たちが集まり、最新技術を駆使したデバイスの製造に取り組んでいる。

深圳は電子機器産業において世界一のサプライチェーンを誇っている。設計、認証、基板実装、部品調達、組立、物流にいたるまで、ハードウェアの開発・製造に必要なもののすべてが車で1時間圏内に集まっている。

しかも各工程で複数の企業がひしめきあっているため競争が激しいほか、基板や金型などで既存品を流用する手法が広がっていることから、短期間、小ロット、低コストでハードウェアを製造することに適している。

なぜ、深圳にはこれほどのサプライチェーンがそろったのだろうか。

もともとアジアにおいて電子機器製造のサプライチェーンは日本に集

中していた。日本が豊かになると、より安い労働力を求めて工場は韓国や台湾に移動。両地の人件費も高くなるとさらに深圳に移動した。

本来ならば中国の人件費高騰に伴い、次は東南アジアに移動するのが道理なのだが、なにせ中国は人口が多い。今でこそ人件費は上昇しているが長期にわたり低賃金の労働力が潤沢に供給されていた。そのため日本から韓国、台湾、そして中国と移動してきた産業がまるでダムでせき止められるかのように深圳に蓄積されてきた。こうしてすべてがそろう深圳のサプライチェーンが完成したのだ。

スタートアップは資金が乏しい上に、製品をスピーディーにブラッシュアップするために小回りを利かせなければいけない。この条件に深圳はぴったりだ。まさに聖地と呼ぶにふさわしい。

●世界一を誇る深圳のハードウェアサプライチェーン＆エコシステム

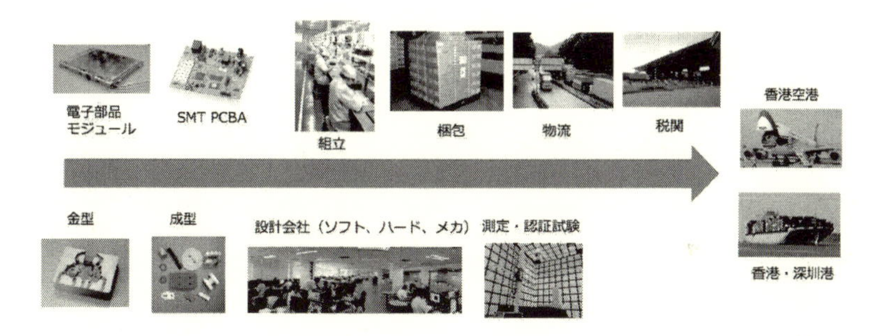

私、藤岡淳一（ふじおかじゅんいち）はこの深圳でEMS（Electronics Manufacturing Service、電子機器受託製造）企業である「創世訊聯科技（深圳）有限公司」（JENESIS、ジェネシス）を経営している。2011年創業の決して大きいとはいえない会社だが、流通大手イオンの格安スマートフォンを製造したことで覚えて頂いている方も多いのではないか。実際、「格安スマホのジェネシス」と紹介されることも多い。

現在の主な事業は、日本企業法人向けの電子機器受託製造だ。具体的には、ドライブレコーダーやデジタルサイネージ端末、法人向けタブレットなどの製造が中心である。

最近では日本の若い起業家を支援したいという気持ちから、ハードウェア・スタートアップの量産支援も手がけている。つまり、深圳を活用しようと集まるハードウェア開発者から仕事を受ける側の存在だ。

私と深圳の関係はジェネシス創業より10年前、2001年にまでさかのぼる。以来約16年間にわたり、深圳で製造業を続けてきた。一方、深圳が「ハードウェアのシリコンバレー」へと変貌を遂げたのはここ数年の話である。ここにいたるまでの深圳の変化、深圳のエコシステムがいかに完成へと向かっていったのかを身をもって体験してきた。

今だから分かることだが、私の事業はその時々の深圳のステージにあわせて展開してきた。私は生き延びるために方向転換をしてきたつもりだったが、実は深圳の変化に自らを適応させていたのではないか。最近、そう思うようになってきた。

本書を執筆した動機もそれだ。私個人の体験を伝えることが「ハードウェアのシリコンバレー」が形成された過程を理解するための手引きとなるのならば、出版する価値があるのではないかと思うようになった。

本書の構成を説明しよう。第1章の「深圳2001～2005　貼牌と1人メーカー」では、私がNHJという会社に勤めていた時代の深圳を取り上げる。当時の深圳はまだ台湾や香港の企業の下請けという役割が中心だ。深圳を使う立場の台湾や香港の企業も自力で製品を売るブランド力はなかった。結果として先進国のメーカーがそれらの企業を使って深圳で製造するという国際的なサプライチェーンが流行していた。おそらくほとんどの方が知らない言葉だろうが、「貼牌」という独特の手法によって、まったく製造業のノウハウを持たない人間であってもハードウェア・メーカーになれるという仕組みができあがった。

第2章の「深圳2005～2011　山寨携帯と2,500発家電王」は、私がエグゼモードという会社に在籍していた時代の話である。当時、深圳の製造業は「山寨携帯」によって世界を席巻していた。特段優れた技術を持たなくても競争力を持つ電子機器が製造できる、その仕組みが「山寨」だ。

第3章の「深圳2011〜2014　深圳エコシステムの完成と無謀な自社工場」では、私が深圳でジェネシスを起業してからの3年間がテーマだ。深圳と関わるようになって10年、ついに中国で企業経営者となった私は、ついに深圳のエコシステムがなぜかくも見事に機能しているのか、その秘中の秘を知った。

第4章の「深圳2014〜2017　「メイカーの都」とスタートアップ支援」では、深圳が「ハードウェアのシリコンバレー」としての地位を固めた時代に相当している。

そして「おわりに　日本の製造業は俺たちが引き継ぐ」では、僭越ながら日本の製造業にたずさわる人々への提言を書かせていただいた。

さて、それでは本論を始めよう。2001年当時の深圳は出稼ぎ労働者と中国人であふれかえっていた。いわば流れ者たちの世界だ。夜の店も多く、猥雑さと無秩序が色濃く残る世界に私は足を踏み入れた。

●ニコニコ技術部深圳観察会が作成した深圳マップ。CC4.0（国際、クレジット表示必要、改変・商用利用可）

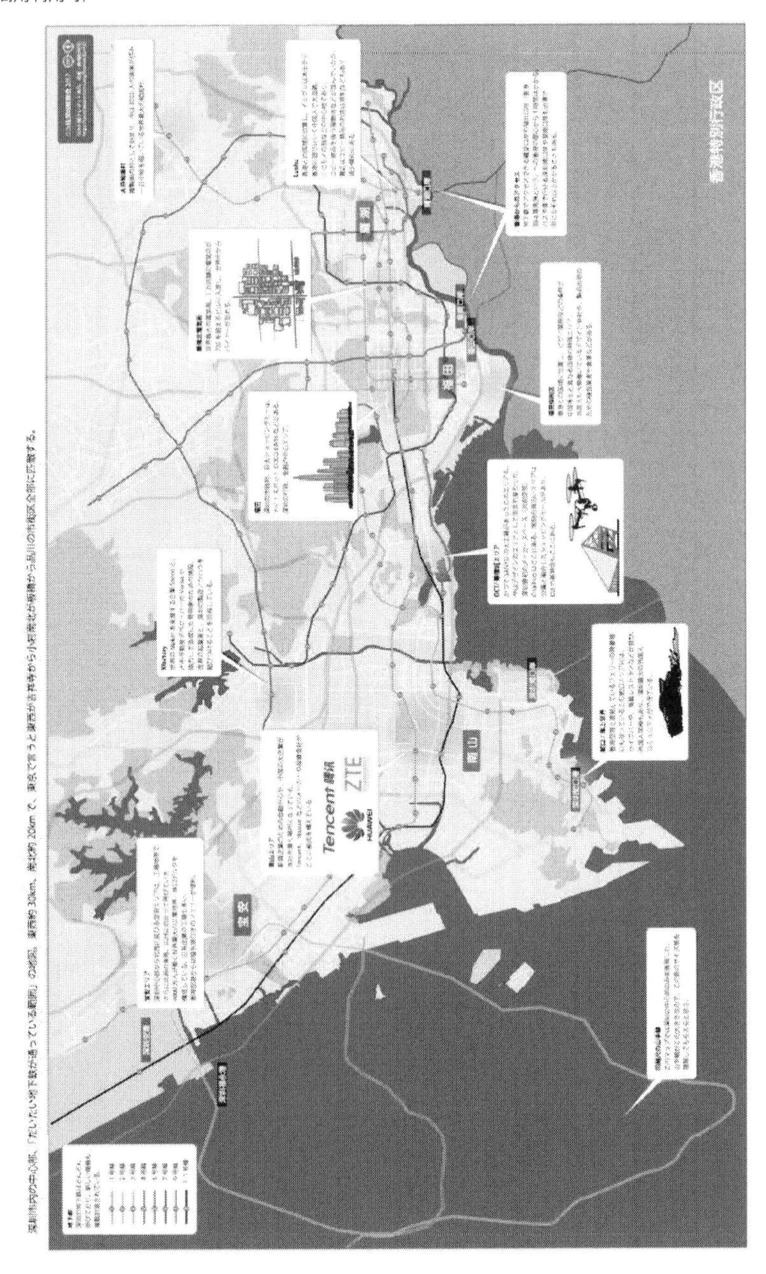

目次

第1章　深圳2001～2005　貼牌と1人メーカー

■初めての深圳体験

2001年、25歳の私は人生の転機を迎えた。それまで務めていた上場企業を辞め、吹けば飛ぶようなベンチャー企業に転職したのだ。

その会社の名前はエヌエイチジェイ（NHJ）。雑貨販売中心の輸入商社だ。「香港のホテル王」と呼ばれる印僑財閥ハリレラグループのグループ企業……と聞くと、なにやらすごい大企業に思えるが、ただのベンチャーである。しかもグループ企業というのは名ばかりで、ハリレラ一族の1人、マージ・ハリレラ氏が社長を務めているという血縁関係だけのつながりというほうが実態に近い。

客観的に見れば無謀としか思えない転職だが、それでも踏み切ったのには2つの理由がある。第1に生意気盛りだった私が「出る杭は打たれる」という日本の企業文化になじめなかったこと。そして第2にNHJが展開していたデジタルガジェット事業に魅力を感じたことだ。

私は転職の前年からNHJと関わるようになっていた。きっかけとなったのは「Che-ez!」というトイカメラだ。2000年に発売されたこのカメラは大ヒットを飛ばした。トイカメラだけに30万画素しかなく、画質は一般的なデジタルカメラと比べようもない。しかし7,980円という低価格とZippoライター並みの小ささで人気を集めた。

もちろん、輸入商社のNHJにトイカメラを開発、製造する技術などあるはずもない。人気ガジェットの“メーカー”に転身したのには、ちょっとしたからくりがある。それが「白牌（バイパイ）／貼牌（ティエパイ）」

という手法だ。

この「白牌／貼牌」は中国語だ。中国人だけではなく、世界各国のバイヤーたちもこの中国語を使っている。「白牌」というのはノンブランドを意味する。この場合のノンブランドとは、単に無名メーカーが作ったことを意味するのではない。白紙のノートのように、後から別のブランドが書き込めるという意味だ。

「香港エレクトロニクスフェア」や「グローバル・ソーシズ・エレクトリック・トレード・ショー」に代表される、台湾、香港、中国の企業が参加する展示会には「白牌」製品が大量に出品される。バイヤーはその中から欲しい商品を選ぶ。結局は**ありもの**を買い付けているだけなのだが、製品にバイヤー企業のロゴをつけたり、塗装を変えたりすることぐらいはできる。こうした、白牌製品にブランドを書き込む行為が「貼牌」だ。白紙に自分たちのブランドを貼り付けるというわけだ。「白牌／貼牌」を使えば、一切開発、製造することなく、簡単にメーカーになれてしまう。「白牌／貼牌」は、扇風機、冷蔵庫、洗濯機といった白物家電から、パソコン、MP3プレーヤー、デジタルカメラといった電子機器製品、そして携帯電話まで対象はさまざまだ。最近ではホバーボード（電動スケートボード）やアクションカメラなども人気を集めている。技術が一般化し、大企業以外でも製造できる状況になれば、無数のメーカーが白牌を怒濤の勢いで作り出す。新製品の登場から白牌の登場までのタイムスパンは年々短縮されている。

電子機器分野での白牌の聖地となっているのが深圳だ。中心地にある電子街・華強北（ホワチヤンベイ）では白牌を紹介する無料業界紙まで発行されているほどで、一読すると、今どんな製品が人気なのかが一目瞭然だ。

2001年当時、白牌を製造する企業はほとんどが台湾や香港の企業だったが、製造拠点そのものは深圳に移っていた。台湾、香港企業がODM（Original Design Manufacturing、開発・製造受託）、そしてその下で組立を担当する深圳工場がOEM（Original Equipment Manufacturing、受

●華強北のフリーペーパー「今日資訊」より、マイク付きカラオケの白牌製品及び公板の広告。

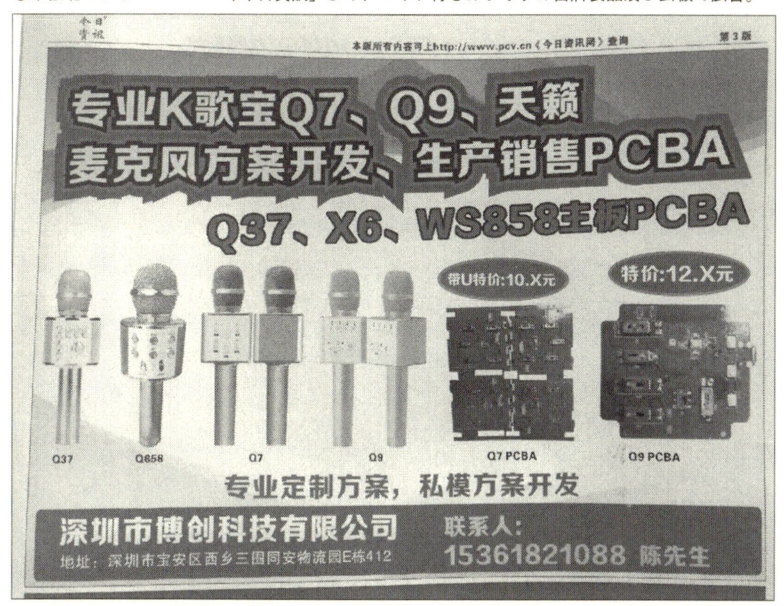

託製造）という役割分担だった。

ちなみに一般の日本人は「白牌／貼牌」というカラクリをほとんど知らないが、実は日本にも相当数が流れ込んでいる。いわゆるジェネリック家電はほとんどが「貼牌」だし、大手量販店のプライベートブランドにも貼牌は少なくない。また「1人家電メーカー」なるキャッチフレーズで話題となったベンチャー企業もあったが、その実態は単なる「貼牌」にほかならない。

私も2001年当時は「白牌／貼牌」の仕組みについてはまったく知らなかった。実はNHJと初めて接触したのは、自社が取り扱うカメラセンサーの売り込みのためだった。気合いを入れて営業に臨んだ私に対し、マージ・ハリレラ社長が「うちではまったく開発、製造してないし、技術のこともわからないから」とあっけらかんと話したことをよく覚えている。

さて、NHJもこの「白牌／貼牌」によって「Che-ez!」という独自ブランドを作り上げたわけだ。やっていることは輸入商社と何一つ変わりはないのだが、ファブレス製造メーカーへと華麗に転身を遂げていた。

開発研究費ゼロでお手軽に製造メーカーになれる「貼牌」だが、メリットだけではない。最大の問題は他社との差別化ができないことにある。なにせ他の企業も同じ製品を買ってくることができるのだ。同質化どころの話ではない。ロゴとパッケージは違うが中身はまったく同じ製品が1つの店で並んで売られているという事態になりかねないのだ。

「Che-ez!」をヒットさせたNHJも、類似商品の登場に悩んでいた。そこで他社との差別化にあたって白羽の矢が立てられたのが私だ。私が勤めていた会社を通じて、新たに韓国製カメラセンサーを導入することで、画質向上による差別化を狙ったのだ。開発費用がかかるため初期投資が必要となるが、初代機のヒットによって次世代機も相当数が売れるとの見込みがついたからこそ、この決断に踏み切れた。

私にとってはありがたい話だったが、NHJにとってはハードルの高いチャレンジでもあった。ありものを買ってくる「貼牌」と中核部品を指定しての開発はまったく異なるためだ。

前述の通りNHJに開発能力はないので、実際に開発、製造するのは、これまで「白牌」を作っていた台湾企業である。つまり、貼牌から脱却して、ODM（受託開発）企業を活用したファブレス製造へとステップアップしたことになる。ただし、ODM企業を活用する場合でも、相手に丸投げしてそれで終わりとはいかない。指定したカメラセンサーがうまく機能するようサポートし、新たに設計した製品がちゃんと動作するのか、品質をチェックするのはクライアントの仕事だ。

ノウハウがないNHJを助けるべく、私は単に部品を売るだけではなく、設計開発や下請け工場の視察まで手伝うようになっていった。外部の人間にもかかわらず、NHJの製品開発を主導するという不思議な関係は約1年間にわたり続いた。こうしてついに新センサーを搭載した「Che-ez!」

の次世代機が完成。画素数を130万画素へと大きくレベルアップすることで、他社を上回る性能を手に入れた。

製造メーカーの仕事に終わりはない。新機種の開発が終わったと思っても、すぐ次世代機の開発に取りかかる必要がある。こうして開発を進めていたある日、ハリレラ社長から「もういっそ、うちの社員になってしまえばいい」とヘッドハンティングの申し出を受けたのだった。

■私の貼牌活用法

一流企業からベンチャーへの転職。悩んだが、安定よりもやりがいを選んだ。実際、飛び込んでみると、想像以上に仕事を任せてもらえた。

まず驚いたのが、転職したその月のうちに台湾に派遣されたことだ。メインの仕事は台湾ODM企業との折衝なのだから駐在するほうが都合がいいことは間違いないのだが、中途入社したての25歳の若造に現地事務所の立ち上げからすべてを任せてくれるなど、日本企業ならば考えられないことだろう。もっとも、現地事務所といっても駐在員は私1人だけ。オフィスは取引先である台湾ODM企業Microtekの事務所の一角を間借りしただけのささやかなものであった。

任されたのはこれだけではない。NHJは雑貨の輸入販売からはほぼ手を引き、デジタルガジェットに事業を集約していたが、製品の開発、製造は私に一任されたのだった。入社直後はさすがに上司がいたが、1年もたたないうちに配置転換された。私1人で製品を作り、他の社員が営業など他の仕事を担当するという役割分担である。

たった1人で台湾に駐在していた私は、「1人メーカー」とでも言うべき存在となった。責任は重大だが、自らの判断でやりたいように仕事ができる。息苦しい日本企業のくびきから解き放たれ、自由を与えられた私はがむしゃらに働いた。

まず手がけたのは貼牌のバイヤー業だ。貼牌は手軽に自社製品を増やせる一方で、他社から同じ製品が出るというリスクもある。そこで私は他社と競合しない貼牌戦略を考えついた。製品を買い付ける展示会があると、数日前に先乗りするのだ。これはという有力メーカーに先に接触し、気に入った商品があれば「展示会では他に日本のバイヤーが来ても見せないで欲しい」と頼み込んだ。他の日本企業が購入できないようにしたわけだ。

もちろん、最初からこうした裏技が使えたわけではない。NHJがある程度まとまった数を仕入れる有力バイヤーであったこと、私が足繁く展示会に通って有力メーカーを把握していたこと、そしてなにより他社には見せないように頼み込んだ製品については必ず契約し、信頼を勝ち取っていたことが大きかった。

また展示会巡りには、信頼できるODM企業がどこかを見極めるというもう1つの目的があった。ODM企業探し自体はさしたる難題ではない。インターネットで検索すればずらりとウェブサイトが出てくるし、この業界に少しでもいれば怒濤のようにスパムメールも送りつけられてくる。

大変なのは、無数にあるODM企業の中から信頼できる取引先を探すこと、その企業の得意分野はなにでどういう強みがあるのかをしっかりと理解することだ。

一流の実績を持つとうそぶいていても真っ赤なウソ、ゴミためのような工場で仕事しているケースだってある。そればかりか、他の会社の製品をあたかも自分たちの製品であるかのように売っているケースすらある。ODM企業だと思ったら単なる仲介商社だったというオチである。真偽を確かめるためにいちいち会社訪問していってもいいのだが、それでは膨大な時間がかかる。展示会の出展物を見れば、会社の実力はある程度把握できるので時間の節約になるわけだ。

展示会の出展以外では、台湾や香港の業界関係者と頻繁に意見交換し、人づてに有力企業を探していった。またODM企業に納品している部品メーカーからヒアリングもした。ビジネスの付き合いがある彼らが一番、

●広東省深圳市で開催された展示会「IoT Expo Shenzhen」。商談のために訪問した。2015年8月、筆者撮影。

実力を把握しているからだ。

業界関係者も部品メーカーも、誰にでもこうした情報を漏らすわけではない。「こいつは使えるからパイプをつないでおこう」と向こうに思わせることがカギだ。私との関係を良くすることが利益になると思えばかなり突っ込んだ話でも教えてくれるが、付き合っても時間の無駄だと見くびられれば、上っ面の話しかできない。

展示会や聞き取りによって有力企業の絞り込みができれば、次は会社を訪問して精査する。経営者は信頼できる人物か、力になってくれるのか。さらに工場を見て、検品はしっかりしているか、梱包材は整理して置かれているか、床のラインがどのように引かれているのか、梱包前にアルコールやエアブラシで清潔にしているか……などをチェックする。「神は細部に宿る」という言葉がある。もともと美術品の造形に関する言葉だと言うが、製造業にこそぴったり当てはまるのではないか。検品や清掃など、おろそかにしがちなディテールにどれだけ神経を配っているかがレベルの差として現れる。

これはいけそうと思えばようやく取引に入る。ここまで確認しても最初は小ロットからスタートするのが鉄則だ。どんな落とし穴があるのか分からないのだから。

こうしてようやく信頼できるパートナーが獲得できる。私を含め、「アジア製造企業とのネットワークを生かしたものづくり」を標榜する人はそれなりにいるが、実際には名刺交換ぐらいだけでネットワークを持っているとうそぶく人もいるようだ。有象無象の会社を知っているだけでは役にたたない。どの企業が信頼がおける会社なのかを知り、彼らと表面上ではなくビジネスの付き合いができるようになって初めてネットワークを作ったと言える。こうして構築したODM企業とのネットワークは大きな財産となった。

私の入社後、NHJは日本市場だけではなく、米国や欧州にも販路を広げていった。調達数が増えると、それまでは使えなかった技も使えるようになった。それが独自金型の使用だ。

本来の貼牌は完全にできあがった商品のロゴや包装だけ入れ替えるものだが、私は新たに金型を作り、外装だけでも独自のものにするように指示した。中身はまったく同じものでも、外見では一定の違いを演出することができる。もちろんコストは上がるが、調達台数が増えれば吸収は可能だ。米国や欧州では日本以上に貼牌製品が出回っていた。外装を買えるという一手間をかけなければ、他社とまったく同じ商品が店頭に出回ってしまいかねない。

こうして、私とNHJはODM企業とのネットワークを生かしつつ、ありものを買う貼牌から歩を進めた。

■実戦で学んだ外国語

ODM企業との折衝にせよ、展示会での商談にせよ、コミュニケーションは不可欠だ。しかし私は恥ずかしながらNHJ入社当時、中国語はおろか英語すら片言という状態で、台湾に駐在した当初はマクドナルドでの注文ですら周りの客に笑われるありさまだった。アパートを借りたり電話回線を契約したりという生活の第一歩にも四苦八苦した。大手企業の駐在員ならば、語学学校に通う期間があったり、現地社員がサポートしてくれたりするのだろうが、ベンチャーには、そんな待遇は望むべくもない。

だが幸いなことに、私は語学を学ぶ条件が整っていた。25歳と若かったこと、単身でともかく時間があったこと、そして最初の駐在地が台湾だったことだ。中国本土の標準語「普通話」と、台湾の標準語「台湾国語」はほぼ同じだが、台湾のほうが話す速度がゆっくりで発音もおだやかだ。日本人が中国人の会話を聞くと、あまりの激しさに普通の会話をケンカだと勘違いしてしまうほどだが、台湾人はおっとりしている。初心者が学ぶには恵まれた環境だった。

それでいて大阪人っぽいとでもいえばいいのだろうか、赤の他人でも比較的すぐに親しくなり、親身になってくれる。特に私の場合は、25歳の若造が異国の地であたふたしている姿を見かねたのか、多くの人々が中国語を教えてくれたり話し相手になってくれたりと手助けしてくれた。

また、趣味も語学習得の助けとなった。私は中学生から就職するまでバンド活動に明け暮れたほどの音楽好きで、台湾や中国の流行歌を覚えるのは苦にならなかった。楽しみながら発音をマスターすることができたのだ。40歳になった今でも中国の最新流行歌はだいたい頭に入っている。中国人企業家の接待でカラオケに行くことがたまにあるが、最新曲を披露すると「おっ、こいつ中国のことを知っているな」と一目置かれるという効果もある。

こうして1年もすれば会話が通じるようになり、3年もたつと読み書きも不自由しなくなった。歌で覚える学習法は私には合っていたが、誰にでも合うわけではない。苦にならず楽しみながらできる勉強法を選べばそれでいい。ドラマから入ってもいいし、小説から入ってもいい。好きこそものの上手なれ、だ。

ただ1つだけ鉄則があるとするならば、日本人ばかりでつるんではならないということだろう。私は日本人となれ合うつもりはかけらもなく、台湾人とばかり付き合った。仕事はもちろんのこと、休日も台湾人と飲み屋に行ったり、ハイキングに出掛けたりと、ともかく現地社会に溶け込むことに専念した。

日本人駐在員というと、毎晩日本人街で日本食を食べて、日本語が話せるホステスのいるカラオケ屋に通うのがありがちなパターンだ。寂しさをまぎらわすためかもしれないが、私に言わせればあまりにももったいない。

もし私が日本人とばかり付き合っていたならば、中国で社長として会社を経営する能力など身につかなかっただろう。相手を理解し機微を読むのはビジネスの基本だが、海外で働く日本人のうち、この基本をクリアしている人はどれほどいるだろうか。

●深圳市の日本人クラブ。2017年10月。

アジアで、中国でビジネスをやっていくためには、仕事時間を捧げるだけでは足りないのだ。現地の人間と付き合い、彼らを理解することが重要だ。ただ海外で暮らしているだけでは、10年住もうが20年住もうが、たいして力にはならない。

私が暮らす深圳にも、日本人ばかりでつるんでいる人が多い。自分の仕事はこなしているが、中国については何1つ知ろうとしない。こうした情けないビジネスマンが多いからだろう。日本企業にはいまだに中国との取引で、台湾や香港の企業を間にかませるケースが少なくない。欧米式の文化やビジネスを理解している台湾や香港の企業とならば、まだ交渉の余地があるという考えだ。仲介企業を1社増やせば、それだけコストはかかる。コミュニケーション能力の低さが日本企業のコスト競争力の低下を招いているのだが、そうした自覚を持つ人はどれだけいるのだろうか。

■1人メーカーで年間50機種を製造

「Che-ez!」に韓国製カメラセンサーを使った新機種を作ったように、私は次第にありものを買ってくる貼牌から独自製品への移行を進めていた。年に50機種程度は作っていたのではないか。同時並行で数機種を開発していたとはいえ、平均すれば週に1機種をリリースしていた計算になる。

これだけの数を開発できたのは、設計の詳細を台湾や香港のODM企業に外注していたためだ。外注すればもちろん代金を支払わなければならない。それで利益が出るのかと不思議に思う方もいるだろう。このロジックを理解するためには「スマイルカーブ」という概念を理解する必要がある。

これは製造業の一連の流れにおいて、どの部分の利益率が高いかを曲線の高さで示したものだ。利益率を上げて稼ごうとするなら、ブランド、企画に特化し、利益率が低い分野は外注に託すことになる。一方、組立

●スマイルカーブの概念図。製造工程の両端が付加価値が高く、製造・組立が低いことを示している。

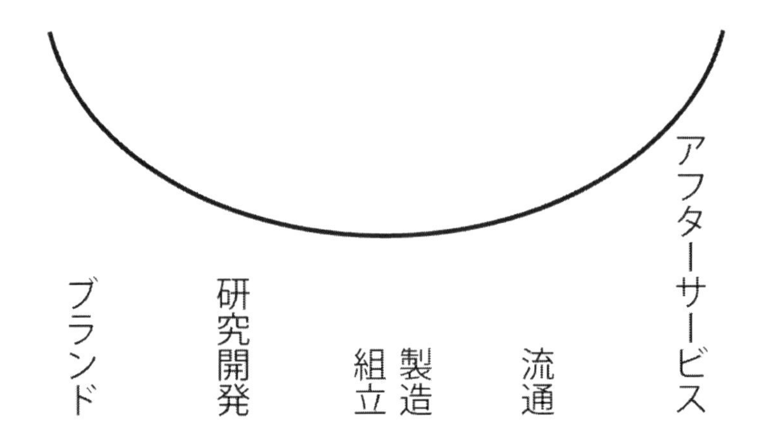

など利益率が低い分野で稼ぐには、規模を巨大化するか、特殊な付加価値を見つけるしかない。グローバルサプライチェーンが深化するのに伴い、製造業の分業化は進展していった。NHJもこの流れに乗っただけだ。

どのような製品を作っていたのか、代表例を1つ紹介しよう。思い出深いのが腕時計型小型テレビ「VTV-101」だ。サイズは縦横5センチ、厚さ2センチという小型テレビだが、バンドをつけると腕時計のように手首につけることができる。加えて、テレビ機能とは別に時間表示ができるようにして、腕時計としての機能も持たせた。

同機は1.5インチのTFT液晶によるアナログカラーテレビとして動作する。内蔵のリチウムポリマー電池で1時間駆動するほか、単三乾電池4本を収納する外付け電池も同梱しており、内蔵電池との併用で計3時間の視聴が可能だった。価格は約2万円。テレビ東京の人気ニュース番組「ワールドビジネスサテライト」でも取り上げられるなど話題となった。

スマートフォンが普及した今となっては乾電池で動く1.5インチのテレビなどお笑いぐさだろうが、当時としては画期的な商品だった。なにせ当時はまだアナログテレビの時代だ。ワンセグを受信する携帯テレビが登場する数年前の話なのだ。

型番で検索すると、インターネットには当時の記事が残っていた。ネットメディア「AV WATCH」に掲載されたレビューのタイトルは「腕時計型テレビ登場！実売2万円の"近未来"製品の実力は？」(http://av.watch.impress.co.jp/docs/20040514/dev068.htm)。当時としてはまさに未来感を感じさせるガジェットだったわけだ。

「VTV-101」の開発は私のNHJ時代、そしてOEM時代の深圳の開発を物語る好例でもある。

NHJ時代、私は日本メーカーが開発する最新部品情報を常にチェックしていた。腕時計型テレビのきっかけとなったのは、ソニーのグループ会社が開発したシリコンチューナーだ。当時としては極小の切手サイズでアナログテレビの受信を可能とする一品だ。

こうした新規性の高い部品が出ると、私はいつも「これで何が作れるか」を考えた。頼りになったのがインド系のマージ・ハリレラ社長だ。技術についてはまったくのド素人だったが、ともかくアイディアが突拍子もなかった。極小シリコンチューナーを見せると、社長は「それで腕時計を作れ」とアイディアを出した。

アイディアが固まれば後は早い。企画案を固め、ブロック図(基本構成要素や機能をブロックで示したもの)を書けば、後はODM企業に投げるのだ。アイディアを具体的な試作品に落とし込むのは彼らの仕事である。

もちろん私の仕事は、企画を投げておしまいというわけではない。定期的にODM企業をまわり、試作品をチェックしてはダメ出しをする。同時にいくつもの製品を並行開発しているのだ。ODM企業をぐるぐると巡回してはあれこれ文句をつけていくという作業を日々日々繰り返した。

年間50機種という超高速開発を実現できたのは、このスピード感にある。NHJの開発はほとんど私1人の独断で決めていた。他に関わってい

●NHJの腕時計型テレビ「VTV-101」。

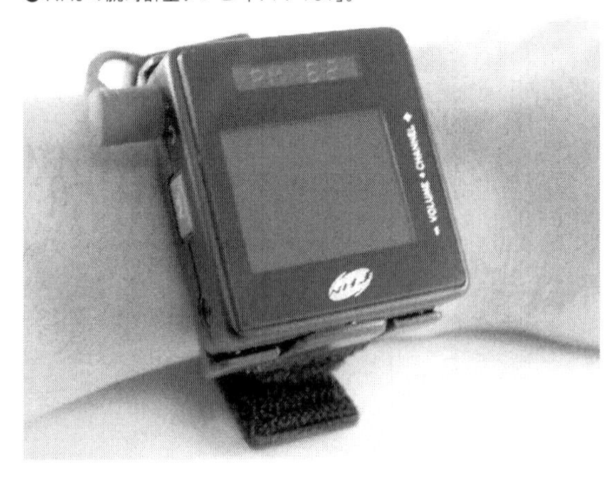

たのはアイディア出しと最終的な認可を担うハリレラ社長、そしてデザイナーぐらいだろうか。そのため問題が出てもその場で即断即決できる。「持ち帰って検討させていただきます」などと悠長なことをしていたら、これだけの量を開発することはできなかっただろう。

考えてみて欲しい。一般的な企業ならば製品の仕様変更などの決断を下すには10人もの社員が集まって延々と会議を続けるのだ。会議が2時間続いたとすれば、延べ20時間もの人的コストが費やされた計算になる。それで成果があがればいいが、スキルのある1人の独断も会議の結果もあまり大きな差はないというのが実感だ。

いずれにせよ、成功することも失敗することもある。ただし独断のほうが圧倒的にコストが安く、またスピードが速いので失敗してもリカバーする時間が取れる。会議にメリットがあるとするならば、独断の場合は失敗した責任はすべて1人がかぶることになるが、会議ならば責任を分散しうやむやにできるという点だろうか。

さて、通常は台湾や香港のODM企業を利用するのだが、「VTV-101」は日本企業に依頼した。携帯テレビの小さなアンテナで画質を達成するためには電子部品の不要輻射(ふくしゃ)を抑える設計が不可欠だ。当時の台湾や香港にはこうしたノウハウを持つODM企業がなかったのだ。コストは上がってしまうが、クオリティを出すためには必要な投資だった。

ODM企業の活用というと、丸投げの印象を持たれる方もいるかもしれないが、実は発注者にも相当のノウハウが必要となる。私の場合はいくつもの信頼できる取引先を持っていたが、その企業の技術力と強みを理解し、企画した製品にマッチする会社をその都度選んでいた。

設計が決まり試作品が完成すると、次は量産というプロセスが始まる。この舞台が深圳だった。どのOEM工場を使うかはODM企業の裁量であり、私には口出しする権限がない。「こんな汚い工場で製造するのか」と絶望することもしばしばだった。

ここでも必要なのはコミュニケーションだ。なるべく密に工場を視察し、問題があればいち早く指摘し改善を求めていく。前職で電子機器製造については一通り学んでいたし、NHJでの膨大な開発経験を経て勘所もつかめるようになっていた。CADを引く作業員の机から組立の生産ラインまでどこへでも顔を出し、問題点はその場ですぐに指摘した。こうして、1つの製品が企画から完成するまで、だいたい3か月という短いタイムスパンで進行していた。

それほど頻繁に視察しなくとも……と思うかもしれないが、中国ではどんなアクシデントが起きるか分からない。実際に自分の目で確かめるべきことが多いのだ。

例えば塗装の色だ。日本ではパントン社の色見本帳を使って確認することが多いが、中国では危険だ。ひょっとするとODM企業が持ってる色見本帳が古くてもう変色しているかもしれない。私は自分の目でチェックしたし、安い携帯電話のモックアップ（模型）を買いこんでおいて、「これと同じ色にして欲しい」などと指示していた。

深圳の工場で製造が終わっても安心はできない。品質のばらつきが大きいのだ。ここで発注者として最も重要な任務が待ち受けている。品質検査での良品と不良品を分ける一線を決めなければならないのだ。

日本の大手電機メーカーならば、あるいはすべてが落第点だったかもしれない。だがNHJは「尖ったガジェットを、そこそこのコストパフォーマンスで出す」というコンセプトだ。100点満点ではなくとも、これならば許せるという基準を決めなければならなかった。

検査基準をどのラインに置くのか、どこで妥協するのか、事業者として一番の悩みどころだ。なにせ、絶対の正解はないのだ。

私はいつも自分に問いかけていた。「お年玉を貯めてこの商品を買ってくれた中学生はがっかりしないだろうか」と。NHJの価格帯は1万円から2万円といったところだが、中学生にしてみれば大金だ。細部にいたるまで完璧とはいかないかもしれないが、新しいガジェットを購入したワクワク感が消えないであろう一線を追求した。

さて、「VTV-101」の開発ストーリーについて長々と説明してきた。これは何も思い出話というわけではない。当時の深圳の活用がどのようなものであったのかを象徴する実例だと考えている。

2000年代前半の深圳はいまだにOEM、すなわち設計まで他社にゆだね、たんに組立を担当するだけの下請け工場に甘んじていた。上流の設計を担当していたのは台湾や香港のODM企業だ。彼らが主体的に企画、設計、製造まで手がけた製品は貼牌という形で世の中に出回った。その一方で、持ち込まれた企画をモノに落とし込んで、深圳に製造をゆだねるというパターンもあった。台湾と香港という設計担当と、深圳という製造担当がタッグを組んでいる時代だったのだ。

そして、この時代において成功するためには、ハードウェアそのものに他社にはない魅力が必要だった。私は「カッティングエッジ」（尖った製品）の追求と、「タイム・トゥ・マーケット」（企画から量産までの期間）の短縮、そしてコストパフォーマンスを兼ねそろえることを旨としていた。

最先端の部品をいち早く取り込み、革新的な製品を作る。しかもODM企業をフル活用することによって、尖った製品でも低価格を実現する。

そうして作り続けたのがNHJの製品群だ。

腕時計型テレビだけではない。Bluetooth対応MP3プレーヤー、ハードディスク内蔵のビデオカメラやメディアプレーヤー、音声操作可能なMP3プレーヤー、デジタルカメラ付きMP3プレーヤーなどなど。日本企業が産みだした新たな部品を駆使して、私は独創的で未来感あふれる商品を作り続けた。

■深圳の歴史

NHJ入社後、初めて訪れた深圳はまだ下請け工場の座に甘んじていた。当時の私は知る由（よし）もなかったが、それでも深圳は長足の進歩を遂げていたのだ。ここでは少し寄り道をして、深圳の歴史を振り返ってみよう。

中国南方の漁村が重要性を帯びてくるのは1842年、アヘン戦争後に香港が英国に租借された歴史に起因する。香港と隣接するこの地は、突如として重要なルートとなった。1911年には香港と広東省広州市を結ぶ広九鉄道が開通したが、その経路に深圳駅も設けられている。「深圳墟」という市場の名前から取られた駅名だ。

当初、香港と中国本土の境目にある交易市場として発展した深圳だが、1970年代末から製造業の街へと変貌する。1976年、毛沢東が死去し、10年間にわたり続いた文化大革命が終結した。新たに実権を握ったのが鄧小平だ。彼の後押しによって、市場経済と外資の導入という改革開放政策がスタートする。1979年にはその橋頭堡として、深圳、珠海（ジュカイ）、汕頭（シャントウ）、廈門（シアメン）の4市が経済特区に指定された。

当時、深圳という名称はあくまで深圳墟というマーケットの名前でしかなかった。自治体としては宝安（バオアン）県という名称だったが、香港との交易によって国際的な知名度があった深圳のほうが通りがいいという理由で、深圳市と改名している。

小さな町を工業団地のある大都市に変貌させるのだから大変な作業が

必要となった。まずは大規模な土地造成が必要とのことで、人民解放軍が投入されての大工事が行われた。山を爆破しその土で川を埋め立てるのである。地形の改造から町作りが始まったわけだ。

こうして深圳経済特区が誕生した。製造業、交易センター、そしていかがわしい歓楽街が主力産業であった。まず製造業だが、中国政府は大々的に大手国営企業を誘致し、この地に工場を建設させた。外資の資本と技術の導入も積極的に行われ、「華強三洋」「賽格日立」など日本企業の合資合弁会社も誕生した。

余談だが、中国人に聞くと、80年代において華強三洋のラジカセは憧れのブランドだったという。改革開放が始まるまでは文化の輸入が著しく制限されていた。文化に飢えていた時代だったのだ。流入した海外文化に人々は夢中になった。高倉健の映画が大ヒットし、台詞を覚えるほどに繰り返して見る。テレサ・テンのカセットテープをすり減るまで聴く。こうした時代を象徴する憧れの的が華強三洋のラジカセだったというわけだ。

閑話休題。初期の深圳で流行したモデルは「三来一補（サンライイーブー）」と呼ばれる。中国の工場と外国企業が提携する際の手法だ。

「三来」とは、来料加工（原料支給を受けての加工）、来様加工（サンプルと設計指示を受けての加工）、来件装配（部品供給を受けての組立）を意味する。設備、原料、サンプルはすべて外資企業持ちという意味だ。そして「一補」とは、製造された製品の販売を海外企業が保証することを指す。中国側の仕事は労働者の提供のみだった。

深圳の発展にとって大きなステップとなったのが電気街「華強北」の誕生だ。絵面にインパクトがあり、日本のテレビで深圳が紹介される時には必ず紹介されるので、ご存知の方も多いだろう。ビルの中に小さなテナントがぎっしりとつまり、電子機器や部品を販売している。しかもそうしたビルが大小28棟も集まっているのだ。

この電気街が生まれたいきさつはなかなかに興味深い。華強北は電子機器製造の工業団地として整備された。外資の仕事を受けるため次々と新たな工場が誕生したが、1つ大きな悩みを抱えていた。それは部品調達だ。改革開放政策が始まった後も中国には無数の規制が残っていた。工業部品については計画経済によって国有企業に分配されており、新たに誕生した企業が部品を自由に購入することはできなかった。部品は仕事を依頼する外資が準備するのが原則だが、すべてを海外から持ち込むのは非効率だ。

そこで部品を簡単に売買できる市場が必要だということになり、1988年に賽格（サイグー）電子部品関連製品市場がオープンした。モデルとなったのは秋葉原の電気街だ。ビルの中に小さなテナントが寄せ集まるスタイルは日本由来のものだった。このプランは大当たりし、電気街は大きく成長していく。

●賽格電子市場。所狭しと並んだテナント。

90年代半ばからは工業用部品だけではなく、電子機器の卸売市場とい

う役割も担っていく。北京市の中関村（ホワチヤンベイ）と、深圳市の華強北が二大電子機器集積地として存在感を高めていった。私が初めて深圳を訪問した2001年は、卸売市場として全盛期まっただなかの時代である。あちらこちらに大量の商品が山積みされていた。多くの行商人たちが華強北に詰めかけ、商品を仕入れては戻っていった。

工場の出稼ぎ労働者に行商人と流れ者たちが集まっている深圳は治安が悪く、殺伐としていた。流れ者の多い街につきものなのが繁華街だ。クラブや風俗店も多かったが、なにより驚いたのは愛人村だ。香港のエリートたちの愛人が集まる地域があったのだ。私も1度見に行ったことがあるが、どことなくみだらなムードが漂っていた。

■コピー商品の洗礼

NHJという舞台を得て、私は寝る間も惜しんで製品開発に没頭していた。ありがたいことにこの努力は業績として実を結んだ。日本の大手小売店からも認められ、受託製造の仕事も受けるようになったのだ。

特に引き合いが多かったのはデジタルカメラだ。コンパクト・デジタルカメラの相場は当時5万円前後だったが、NHJが受託製造したデジタルカメラは10,000円から15,000円という低価格を実現していた。この頃、大手小売店の店頭には激安デジタルカメラが売り出されるようになったことを覚えている方もいるのではないだろうか。そうした製品の多くは私が手がけたものである。

なぜこれほどの低価格が実現できたのか。深圳OEM企業の活用だけが理由ではない。実は日本の大手メーカーも中国のOEM工場を活用するようになっていた。NHJと大手メーカーの製品が同じOEM工場で作られていたケースもある。それでも製品価格には数倍の開きがあった。大手メーカーの製品は独自部品を採用するなど、高機能を目指していたということもあるが、日本企業ならではの無駄も多かったからだ。

ある時、深圳の工場で日本大手メーカーのスタッフと鉢合わせしたことがある。NHJは私1人が普段着のまま工場に乗り付けて、30分ぐらいの時間でスピーディーにチェックし、改善点をリストアップしては立ち去っていくというやり方だ。ところがその日本メーカーはというと、10人もの社員がやってきては丸2日間もかけて、ああでもないこうでもないと小田原評定を続けていた。仕事が細かいというよりも、決断力がなくて無駄な時間を浪費しているようにしか見えなかった。こうした無駄も価格を引き上げる要因だ。

さて、私とNHJの快進撃は日本市場にとどまらなかった。米国のCES、日本のCEATEC、ドイツのPhotokinaといった国際見本市でも好評を得て、各国のバイヤーから注文を受けるようになったのだ。

今もビジネスでは「中国を敵にするのではなく、活用せよ」との話を聞くが、NHJは2000年代初頭に日本のアイディア中核部品、台湾の開発力、そして中国深圳の製造力を結びつけることに成功していた。今の日本のハードウェア・スタートアップが目指す理想型を実現しつつあったと言ってもいいだろう。

もっとも、苦労は多かった。深圳のOEM工場での品質確保の苦労はすでに述べたとおりだが、もう1つ厄介だったのがコピー商品対策だ。悪名高き中国の海賊版に私も苦しめられた。

それは香港の展示会を訪れた時のことだ。ある中国企業のブースにNHJの主力商品であるトイカメラと瓜二つの製品が並んでいるのに気がついた。人気が出れば海賊版が出ることは当然だと覚悟していたので動じることもなく素通りしたのだが、事件はその後に起きた。同じ展示会に出張していた海外販売担当役員がその製品に気づいてしまったのだ。普通ならば訴訟を起こして製造中止に追い込むというのが筋だろうが、なにせNHJは型破りのベンチャー企業、斜め上の反応が返ってきた。

「海賊版を作っていた会社と展示会で商談してきた。彼らの提示した価格は君が作るよりも安かった。なんと3分の2の価格だったんだ。君に作ってもらうのではなく、彼らから仕入れることを検討したい。取引が成立するかどうか、すぐに海賊版工場に行って視察してきて欲しい」と言われたのだ。

なるほど、輸入商社の発想に立てば、社内の製造部門に作らせるのも、外部から購入するのも変わりはない。しかも製造部門といっても担当者は私1人。設計、製造は外注しているのだから、いつでも切り捨てられる存在だ。確かに合理的な発想だが、よもや後ろから矢が飛んでこようとは思ってもいなかった。

まあ驚いていてばかりもいられない。ともかくその工場を1度見てこようと、商談の振りをして見学させてもらった。すると、一目見るだけで圧倒的低コストが実現した理由がわかった。工場の環境基準が全然違うのだ。

NHJが発注していたODM企業は台湾の光学機器メーカーで、製造を担っていたOEM企業も日本企業に近い管理レベルを実現している優良工場。品質は安定していた。

一方、コピー品メーカーはというと、工場内は汚くホコリだらけだった。トイカメラとはいえ、レンズを扱う以上組立はクリーンルームで行う必要がある。ところが工場内はクリーンルームどころの話ではない。窓は全開でほこりは入り放題だ。作業員もジーパン、Tシャツというやる気のない格好で、足を組んでけだるそうにハンダ付けをしていた。

使われている部品や基板を見ると、部品を剥がした跡が残っている。中古品を改造して再利用しているのだ。日本では古い基板を手作業で部品交換するなど考えられないが、中国ではよく見る光景である。基板を改造したり、あるいは中古の基板を使ってコピー製品を作ったりすることは日常茶飯事だ。

付け加えるなら、実は中国は世界最大の電子ゴミ輸入国でもある。使えるものは再利用され、一部手直しが必要なものは手作業で部品を付け替える。どうにもならないものは金や銀、パラジウムなどの貴金属を回収するという電子ゴミ・リサイクル業が成立している。環境問題や健康被害を無視し、なおかつ低賃金の労働者がいるからこそ成り立つ仕事だが、経済が成長するに連れこうした産業は次第に姿を消していくはずだ。

さて、もう1つ、価格の違いに直結していたのは部品の精度だ。NHJのトイカメラでは、アルミ製ケースは台湾で成型し、中国まで輸送していた。当時、アルミ成型の精度は低かったため、中国で製造すればケースを組み立てた時にどうしてもギャップが出てしまうためだ。そのためコストが上がっても台湾でのアルミ成型を選択したのだが、それでもギャップ対策は悩みのタネだった。

コピー品工場はというと、大胆にもどれだけギャップがあってもおかまいなし。あちこちに隙間があいている製品をそのまま出荷していた。他にもレンズのコーナーが歪んでいたり、CMOSセンサーのドット欠けが多かったりと、ともかくあらが目立った。

視察結果からNHJの商品として扱うことは難しいと報告したが、販売担当は相当がっかりしていたことを覚えている。どうやら本気でコピー品工場と取引するつもりだったらしい。

実際、メーカーが中国の優秀な海賊版工場を正規の下請けに起用したというエピソードはちょくちょく耳にする。我が社でもやってみようという思いだったのだろうか。確かに、そのコピー品もトイデジタルカメラとして動作することには違いはない。品質には難点があったとはいえ、2000年代初頭の中国企業は低価格でコピー品を作る能力は身につけつつあった。

■21世紀初頭の深圳

本章ではNHJにおける私の製品開発を通じて、2000年代前半において深圳の工場がどのように活用されてきたかを述べてきた。

この時代の中核を担っていたのは台湾や香港のODM企業だ。日本企

●中国の工場。高須正和氏撮影。※本文とは関係ありません

業は中国のODM工場と直接取引するノウハウはなく、また中国の工場も海外企業とのコミュニケーション能力や製造管理の力はなかった。ODM企業が扇の要だったわけだ。それでも製品の差別化要素となる中核部品の開発では、日本は強い存在感を示していた。日本の中核部品、台湾と香港のODM、そして中国のOEM。この3つをつなげることで、私は大暴れすることができたのだった。

なお、本章ではODMの担い手として台湾、香港とひとくくりで紹介しているが、厳密には両者が隆盛した時期は微妙にずれる。

私が台湾に派遣された2001年はちょうど転換期だった。台湾のODM企業は日本企業と近い文化を持ち仕事も丁寧だったが、コストは高めで納期が遅いというデメリットまで日本と一緒だった。一方、香港のODM企業は大陸気質というのだろうか、あらが目立つが仕事は速いのが特徴だった。

品質だけで言えば台湾のODM企業を使いたかったが、スピード感とコストを考えて香港企業を活用する機会が増えていった。NHJの台湾事

務所も2003年に閉鎖した。次の事務所は深圳だ。香港は隣にあり、量産を担うOEM工場にもすぐに行ける好立地だった。

しかし、日本の中核部品、台湾・香港のODM、深圳のOEMという三者が協業する関係は、そう長くは続かなかった。次章ではどのような変化が生じたのか、私の新たなビジネスを通じてお伝えしたい。

ただ、その前にNHJの最期について説明させていただきたい。2005年8月、絶好調だったNHJは倒産した。そのわずか1か月前にはクラブを貸し切っての大々的な製品発表会を開いたばかりで、ウォルト・ディズニー・ジャパン社とのキャラクターライセンス契約を発表するなど、まさに飛ぶ鳥を落とす勢いだったのだが……。

突然の倒産はさまざまなアクシデントが重なったためだった。最初のアクシデントは米国市場から始まった。勢いに乗って米国市場に進出したNHJだが、現地の商習慣についてはよく理解できていなかった。米国では返品に対する規定がゆるやかで、1度購入された製品が突き返されることはざらだ。返品された商品をそのまま再販売することはできないだけに、いわゆる流通在庫がたまってしまった。この返品の取り扱いについて米国代理店と交わした契約がNHJにとっては不利な内容だったため、売掛金の回収が遅れてしまった。こうして、会社全体では黒字を維持していたものの、手元資金が不足してしまったのだ。

小さな会社にとって手元資金はいつもぎりぎりだ。それでも黒字が確保されているのならば、金融機関は融資をしてくれるのが常だ。この時も取引先銀行は追加融資に前向きな姿勢を示していた。ただし親会社であるハリレラグループによる支援が行われることが前提条件とされた。支援といっても必要な資金は1億円程度。グループ全体の財力を考えればたいした金額ではない。私も取り立てて心配していなかった。

ところがそんな最中、ハリレラ社長が失踪してしまったのだ。私や他の日本人幹部も当時はよく理解していなかったのだが、ハリレラグループは会社組織というよりも、一族の関係者が個々に企業を経営しているという側面が強い。親族だったらなおのこと支援を得やすいように思えるが、そのためには頭を下げる必要がある。ハリレラ社長にはそれができなかったようだ。NHJを捨てて、1人海外に逃亡してしまった。

社長が失踪したのは決済期日の直前だった。慌てて善後策を検討したが、なにしろ時間がない。社長がいないので民事再生手続きすら申請できなかった。やむをえず、私たちは準自己破産を申請することを決めた。

NHJのブランド自体は別企業によって引き継がれたものの、1人で製造を担っていた私が会社を離れたことで、中身はまったくの別物になった。こうしてNHJは21世紀初頭の日本ガジェット市場に大きな爪痕を残しながらも、黒字倒産という形で姿を消すこととなった。

第2章　深圳2005〜2011　山寨携帯と2,500発家電王

■「2,500発家電王」の誕生

破綻したNHJは同業他社が営業権を取得してしばらくは製品カテゴリを残したが、私は残務処理を終えた後、会社から離れた。寝る間も惜しんでハードウェア製造に邁進(まいしん)してきた4年間が終わり、ぽっかりと時間が空いた。

さて、この後どうしようか。

その後のあてもないまま、私は旅に出た。倒産で迷惑をかけた人々に頭を下げて回るおわび行脚をしようと決めたのだ。金はなかったが、飛行機で飛び回っていたのでマイルだけは山ほど残っていた。そのマイルを使って台湾、香港、中国の取引先を回った。

1社1社訪問し、経緯を説明し謝罪した。NHJの破綻で損害を受けた取引先もある。殴られるかもしれない。そう覚悟していたが、彼らは意外にも優しく迎えてくれた。「藤岡さんのせいじゃないんだから。仕掛品や部品の在庫は何とかするからね。あなたも元気を出して頑張ってくださいよ。これで終わりじゃないんでしょ？　次があるんでしょ？　次のビジネスを始めたらまた声をかけてよ」と彼らは異口同音に言うのだった。

その声にも後押しされ、私は再起を決めた。2005年11月、中国製プリント配線基板の調達代行を手掛けるKFE JAPANに迎えられ、デジタル家電事業を担うエグゼモード事業部を立ち上げた。

当初は独立して起業することも考え、ベンチャーキャピタルから融資を取り付けるところまで話も進んでいたが、最終的にはKFE JAPANの

お世話になることにした。

ハードウェアはともかくリスキーな商売だ。財務的な体力がなければやっていくのは厳しい。新企業を立ち上げるよりも、既存企業の傘下に入るほうが可能性があると判断した。なおエグゼモード事業部は2007年にエグゼモード株式会社として分社化している。

エグゼモードは製造業という意味ではNHJと同じジャンルだが、戦略は真反対だ。NHJは新規性が売りの尖った商品開発が売りだった。一方、エグゼモードはシンプルな機能だが劇的に安い格安製品の開発に特化した。徹底的なコスパ重視である。中国のOEM企業を活用すれば、日本では相場3万円の製品が1万円で作れると踏んでいた。

KFE JAPANからは尖った製品にもチャレンジしようと促されたが、私は首を縦に振らなかった。ビジネスとしてリスクが高いという判断だ。つまり、新規性の高い商品は実際に販売してみるまで、どれだけ売れるかわからない。当たれば大きいが、失敗すれば在庫の山を抱えてしまう。NHJは社長の失踪というアクシデントが破産につながったとはいえ、リスクのある戦略であることは間違いがない。KFE JAPANを親会社に持つエグゼモードのほうが財務的には強かったが、それでも危険だと判断した。NHJが破綻という末路を迎えたことがトラウマになっていたのかもしれない。

台湾や香港の仕事仲間があっけらかんと応じてくれたのに対し、日本では会社を潰した人間は白目で見られる。エグゼモードを立ち上げた後も、「元NHJの方ですよね」と色目で見られたこともあれば、取引を断られたことすらあった。ご迷惑をおかけしたことは事実だから何も言い返すことはなかったが、悔しい思いでいっぱいだった。

ともあれ、徹底的な低価格を追求すれば勝負になると踏んでいた。私がイメージしていたのは「家電量販店の隅(すみ)に置いてある商品」だった。目立つ場所に並ぶのは大手ブランドの製品だ。お客さんも大手メーカーの商品を目当てにやってくるのだが、ぶらぶらしていると隅に置いてある商品が目についてしまう。「あれ?! 聞いたことがないメーカーだし、機能も少ないけど、めちゃくちゃ安いじゃないか！」 そう驚いて、ついつい衝動買いしてしまう商品。それがコンセプトだった。

2006年2月に月刊「日経エレクトロニクス」(日経BP刊) に私のインタビュー記事が掲載されたが、事業方針については次のように話している。

> (OEMを主体とする点がNHJとは違いますね。)
> 「自社ブランド品もインターネットやテレビ、カタログを介して売りますが、あくまでOEMが主。自社ブランドは従です。OEMは在庫リスクが少ない上に、流通業者のニーズが結構、強いのです。デジタル家電をちょっとした景品に使おうという声もあります。
>
> これは流通業者にとって「帯に短し、たすきに長し」という状態の商材が多いことが影響しています。例えば、現在絶好調の携帯型音楽プレーヤーですが、たくさん売れる「iPod」は小売店がとれる利益率が低い。かたや利益率が高い他社製品は、あまりに量が出ない。だから小売店は、今後ますます自社ブランド品を拡充するのではないでしょうか。米Wal-Mart Stores Inc.のようにね。
>
> (…)
> (KFE JAPANはどんなデジタル家電を手がけるのですか。)
> 「私は時期によって扱う商品を決めます。つまり、当該商品を扱う国内大手メーカーが低価格化競争の消耗戦に突入しているかどうかをみるのです。消耗戦になると、国内大手はみな高付加価値品に注力したがります。すると、ポッカリと空いた市場ができるのです。」

このインタビューには私の戦略がはっきりと現れている。

エグゼモードの開発を象徴する製品が2006年3月に発売したDVDレコーダー「EXEMODE RD-2000」だ。当時、ビデオデッキからハードディスク・DVDレコーダーへの転換が始まっていたが、価格は5〜10万円と高額商品だった。そこへ激安商品を投入すれば大きなインパクトを生むことは間違いない。

●エグゼモードのDVDレコーダー「RD-2000」。

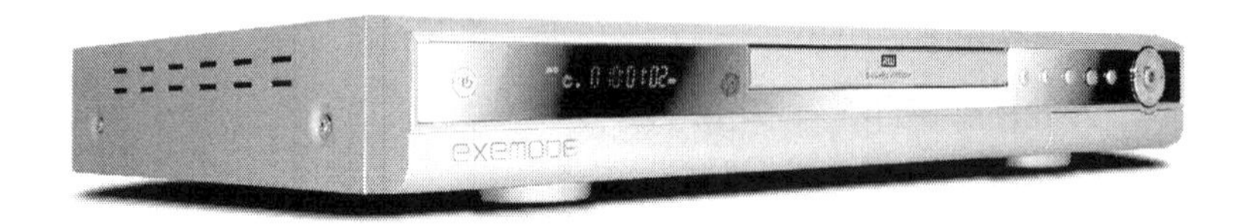

突破口となったのは、ある中国企業が開発した技術だった。DVDレコーダーには「DVD-R/RW」という規格が使われていたが、中核部品の価格が高いのが難点だった。一方でパソコン用の「DVD+R/RW」ならば部品価格は一気に下がる。中国企業が開発したのは「DVD+R/RW」の部品を使っているのに、「DVD-R/RW」ディスクに動画を保存できるという技術だった。きわめて強引な手法を使っているだけにエラーが多い。日本市場が求める高い基準を満たすためには徹底的なチューニングが必要となるだけに、開発が難航するのは目に見えていた。

それでも着手したのはクライアントの強い要望があったからだ。激安DVDレコーダーにはそれだけの商品価値があるとの期待があった。ならばやるしかないと、私は困難なタスクに挑んだ。開発を担う中国企業に乗り込み、エラーを減らすための改善作業に明け暮れた。

こうして手塩をかけて完成した「EXEMODE RD-2000」だが、ハードディスクも搭載せず、DVDにのみ録画できるという割り切った仕様にしたこともあって、価格は18,000円。従来製品の3分の1という圧倒的な低価格が話題となり、飛ぶように売れた。

クライアントは満足し、発足したてのエグゼモードも大いに名を高めた戦略的商品だったのだが、問題も多かった。強引な書き込みによって、録画が失敗してしまうお客様がいたのだ。検証を重ねたが、それでもすべてのエラーを防ぐことはできなかった。録画用のディスクを相性のいいブランドにすることでエラーを回避できたため、お客様にはそのように案内していたが、楽しみにしていた番組が録画できていなかった方がいるかと思うと胸が痛んだ。そのため、クライアントからは第2世代を開発するようオファーがあったがお断りした。びっくり価格のDVDレコーダーは初代機のみで終わりとしたのだった。

エグゼモードのメインの販売ルートは、インターネットの共同購入サイト（購入する人が増えれば増えるほど値段が安くなるという、ゲーム感覚を取り入れたネットショッピングサービス。ギャザリングとも）や、パチンコの景品だった。

当時、私は自らを「2,500発家電王」と呼んでいた。パチンコの出玉2,500発で交換できる景品、すなわち店頭価格1万円相当の製品を開発するプロとなったのだ。1万円で何が作れるだろうか。四六時中、そのことばかりを考えていた。

NHJと比べると、エグゼモードの製造台数は桁が1つ違った。NHJは自社ブランドで1万台。大手量販店の受託製造だと3万台という大ロット生産だったが、エグゼモードは1,000台、2,000台という小ロット製造がメインだ。ともかく小回りを利かし、コストを引き下げることに神経を集中していた。

例えば2,500発家電では「コンテナ発注」という方式を取り入れた。「デジタルカメラを1,000台」というような契約ではなく、「コンテナ1個分」という形式で契約するのだ。海上物流はコンテナ単位で値段が決まる。1,000台で契約したとして、もしもそれがコンテナ1つに収まらずに2つに分けたら輸送費が2倍になってしまう。そこで最初からコンテナ1つ分の製品を納入するという契約にすることで、物流費を最小限に抑えて原価を算出できるようにした。

共同購入サイトやパチンコの景品で販売されたエグゼモード製品の評判は上々だった。しばらくすると、評判を聞きつけた激安量販店やホームセンターからも注文が入るようになった。彼らの顧客層はブランドを気にしない人々だ。ブランドは無名でもいいが、その代わりに広告チラシの目玉となるような激安価格の商品が必要だったのだ。そのニーズにエグゼモードの製品はぴったりだった。

ちなみに激安量販店やホームセンターは貼牌（テイエハイ）を活用して、激安の中国製品を販売していた。ただしそれは扇風機やコタツなどのいわゆる白物家電ばかりだった。美的（ミデア）や格蘭士（ギャランツ）などの中国企業がOEMで製造した製品が日本に流入していたのだ。ただデジタル家電（我々は「黒物家電」と呼んでいたが）では中国製品は少なかった。中国製品の品質ではクレームの嵐にさらされるとの恐れがあったのだろう。

エグゼモードは果敢にも中国製黒物家電に挑んだ。エポックメイキングな取り組みだが、売れ行きは上々だった。私の成功を見て、その後いくつもの企業が中国製黒物家電を取り扱うようになった。

NHJでは貼牌と新規開発の二刀流だったが、エグゼモードでは貼牌がメインだった。販売台数は1,000〜2,000台程度と少なかったため、貼牌以外の選択肢はなかったのだ。また、尖った製品が売りのNHJとは異なり、機能面では勝負せず価格面だけで勝負するという戦略だったため、貼牌で十分だったという側面もある。

ただ単にありものを買ってくる貼牌であっても、品質を確保するためには努力と経験が必要だ。同じ貼牌であっても商品のロゴやパッケージだけ張り替えてそのまま出荷する者もいれば、汗を流して製品の品質を上げようとする者もいる。私は後者だった。日本市場が求める高い品質要求に応えられるか徹底的にチェックしたし、中国OEM企業とも密に連絡を取り合って品質改善に務めた。

例えばDVDプレーヤーの開発では、ファームウェアのチューニングも行うほか、テレビ番組を録画したディスクを日本からどっさり持ち込み、ちゃんと再生が可能かどうか細かくチェックしたり、読み取りづらく汚したディスクでも読めるよう調整を繰り返したりと手間をかけた。

カッティングエッジを追求するNHJと、既存ジャンルで価格引き下げを狙うエグゼモードでは仕事の流儀はまったく異なる。ただ、価格の上限が決まっているだけにエグゼモードでの開発はより制限が厳しかった。

それでも楽しく仕事に取り組めたのは、1つには私のマゾ気質があるかもしれない。無茶ぶりされると燃えるタチなのだ。実はNHJ時代も自分のオリジナル企画商品よりも、厳しい要件での受託製造のほうが燃えるという部分はあった。

私の性格はクライアントに見抜かれていた。担当者たちはマゾ気質を利用して、私に無茶ぶりをするようになっていった。「できないと思うけどさ、600万画素のデジタルカメラ、液晶も光学ズームもついているやつ。1万円って無理だよね？」「DVDプレーヤーはできましたが、レコーダーはできませんよね？」などと無理難題をふっかけてくるようになった。大上段から「作れ」と言われると断りたくもなるが、お願いをされると弱い。ぶっきらぼうに「まあ、できなくもないですけどね」などと返事して仕事を受けてしまう。後で七転八倒の苦しみを味わうことはわかっているのだが……。もはやマゾッ気としか言いようがない。

■私も山寨されました

NHJ時代には自分の作ったカメラがコピーされるという体験をした。エグゼモードでも同じく海賊版の犠牲となった。しかもそのコピー商品を販売していたのは日本企業だった。中国には「山寨」（シャンジャイ）という言葉がある。詳しくは後述するが、模倣品や海賊版を指す言葉だ。中国で仕事をしているうちに私の仕事も「山寨」されてしまったというわけだ。

2000年代なかば、ビデオレンタル店や家電量販店で激安DVDプレーヤーが販売されていたことを覚えている方はいるだろうか。実はあのブームを作り出したのは私である。

そのきっかけとなったのはCPRM（Content Protection for Recordable Media、レコーダーからDVDへのコピー回数を制御するなどの著作権保護規格）という日本独自の規格であった。不正コピーを防ぐために導入された規格で、対応しなければ録画した番組をDVDにコピーできない。

問題は、CPRMが日本独自のガラパゴス規格だったという点にある。世界的な規格であればODM企業も対応するファームウェアを作ってくれるのでなんの問題もないのだが、たいして数が売れるわけでもない日本市場だけに必要だとなると、面倒がってなかなか作ってもらえないという状況だった。

そんな時、あるクライアントから「格安家電メーカーとして最速でDVDレコーダーを売り出したいんだ」との依頼があった。となると、自分で作るしかない。私はODM企業と一緒になってCPRM対応のファームウェア開発にいそしんだ。

また、台湾や香港のODM企業が開発した激安DVDプレーヤーはメニュー画面のフォントがむちゃくちゃだった。「シ」と「ツ」、「ン」と「ソ」が入れ替わっていたり、あるいは漢字が中国語フォントになっていたりというお粗末ぶりである。いくら安さが売りの製品でもこれでは売れない。この点についても直接、ビットマップを書き直して修正。私、藤岡淳一が書いたカタカナが表示されるようになった。

他にも手をかけた部分がある。リモコンは日本仕様のものを新たに作った。大きくてボタンがいっぱいついているのが日本人の好みだ。ボタンの数を極限まで減らす欧米のシンプルさとは真逆である。しかし中国企業は台数がさばける欧米市場向けに開発しているため、日本向けのリモコンを開発する必要があったのだ。

こうした努力が好調な販売につながり、激安量販店やホームセンターで扱われるようになったわけだが、このエグゼモードの成功を見て、多くの業者が黒物家電の中国製造に参入してきた。ところが、単に競合製品を出しているというだけではない。彼らの製品のメニュー画面を見ると、私がチューニングした画面そのままだ。私が書いた「シ」と「ツ」もしっかりと表示されている。

実は製品のファームウェアを作っているのは工場ではなく、「方案公司」(デザインハウス) と呼ばれる企業だ。詳しくは後述するが、彼らはメディアテック社やクアルコム社などの基板に部品を実装し、ファームウェアと一緒に販売している。

私のファームウェア・チューニングも中国側工場の担当者に連れられて、方案公司と相談して行ったものだ。彼らは私が手がけたファームウェアを他の中国工場にも提供し、そこから購入した日本企業にも流れたというわけだ。

そのころ、NHJ時代の同僚と出会う機会があった。彼はある商社に転職しデジタル家電の輸入を手がけていたのだが、「藤岡くんの作ったファームウェア、みんな使っているよ。ありがとうね」とあっけらかんと話したのだった。普通なら怒るところなのかもしれないが、深圳にどっぷりつかった私は仕方ないなというあきらめの気持ちしか浮かばなかった。

中国には「草むらに道を切り開く者は死ぬ」という言葉があるという。先行者利益ならぬ、先行者必敗の法則だ。後から模倣したほうが強いのだ。実際、中国のあらゆる分野でこの法則は繰り返されているように見える。苦労して研究開発した企業よりも、それをお手軽に模倣した企業のほうが強いのだ。

また思い出深いのは、黒物家電のみならず、白物家電にもチャレンジしたことだ。シンプルかつ低価格な白物家電を展開する「シロカ」というメーカーがある。当時は「オークセール」という社名で、独自製造を手がけておらず、エグゼモードの顧客だった。「藤岡さんの商品は他社よりも不良品率が少ない」とお褒めの言葉をいただいていた。中国の難し

●華強北の一角、賽格電子市場。この地で無数の山寨製品が販売されている。

い現場の中でも品質検査に気を使った成果だろうか。

そのオークセールから掃除機を作ってみないかと誘われた。まったく未知のチャレンジだ。私が詳しい深圳は電子機器には強いが、白物家電となると頼みになる工場もサプライチェーンもまったく異なる。結局、そうした白物家電に強い工場を探して、展示会をめぐり、上海や蘇州など中国各地を回った。ダイソンは中国でも人気だったため、そのデザインを模倣したサイクロン型掃除機は中国でも山のように存在していた。大半はとても日本市場向けの品質を満たせるものではなかったが、独自開発の強力モーターを使うなど相当の品質に達しているメーカーもあった。

吟味を重ねた結果、ついに条件を満たした工場を見つけた。貼牌で彼らの製品を調達することにしたのだが、わざわざ金型を起こして畳用ブラシを作ったり、中国製モーターの信頼性を確かめるため独自検査を行ったりと工夫を凝らした。また、掃除機はまったくの畑違いでノウハウがなかったので、日系の検査会社にコンサルを頼み試作品を評価してもらった。

苦労の末に完成したのが「Veritile VC101」だ。ダイソンの影響で日本でもサイクロン掃除機が流行していて、さまざまなメーカーが販売していたが、無名ブランドでも2～3万円はしたはずだ。それをわずか8,000円という価格で売り出したのだから売れるのも当たり前といったところか。08年から販売を開始したが、その後3年間にわたるロングラン商品になった。累計で5万台は売れたのではないだろうか。

なおオークセールからはその後、コーヒーメーカーや炊飯器、ワインセラーを作って欲しいという依頼があったが、会社の事情でお断りすることになった。そこでオークセールは仕方なく、自分たちで中国工場と取引し、自社で製品を作るようになった。販売業からメーカーへの転身だ。

その際には私が工場を紹介し、事務所を借りたり人を雇ったりするところまで完全にサポートした。シロカと名前を変えた今は、注目の新興家電メーカーとして高い評価を受けている。

■民間企業の揺籃

さて、エグゼモードを立ち上げた頃、深圳及び中国経済には大きな変化が生まれていた。それは民間経済の台頭だ。1970年代末から始まった改革開放、1992年の南巡講話から始まった一連の市場開放、そして2001年の中国の世界貿易機関（WTO）加盟と外資の対中投資加速。中国民間企業は何回かのブーストを経て、2000年代になって大きく花開こうとしていた。

中国経済、中国企業の話になると、常に国主導の成長なのか、それとも民間の活力なのかが議論になる。私から見れば、やはりあくまで主体は民間の経済だ。私企業の代表という私の立場も影響しているかもしれないが、結局のところ中国で成功した経済政策はいずれも民間の活用に成功したものばかり。お上が先走った産業政策はなかなかあたらない。

中国の中でも深圳は特に民間企業が強い。新しい都市だけに大手国有企業が少ない上に、一発当ててやろうという流れ者の起業家たちが全国から集まってくるためだ。

深圳を代表する巨大民間企業の代表格は華為（ファーウェイ）だろう。創業者の任正非は1944年生まれ。人民解放軍のインフラ建設部隊のエンジニアという経歴を持つ。改革開放を迎えた1982年に軍を除隊し、深圳の国有企業に配属されるが、取引で騙され会社に大損害を与えてクビとなる。その後、87年にファーウェイを創業した。電話交換機の輸入販売から事業を開始したが、その後独自開発に着手。世界的な通信機器メーカーに発展している。近年ではスマートフォン製造事業にも参入し、世界3位の地位を築いている。

同じく通信機器業界の雄が中興通訊（ZTE）だ。ファーウェイと並ぶ中国のグローバル製造業メーカーである。1985年に創業し、電話交換機の製造で成長を遂げた。中国市場は広大だ。しかも改革開放後に電話需要が一気に高まったため、電話局は早急な設備交換を迫られていたことが追い風となった。当初は外資系メーカーのシェアが高かったが、後に巨龍通信、大唐電信、ZTE、ファーウェイの中国国産メーカー4社、通称「巨大中華」の4社が覇権を握る。前2社は国有企業、ZTEとファーウェイは民間企業だ。そして今、生き残ったのは民間企業の2社である。

製造業ではないが、2017年に時価総額が4,000億ドルを突破し、中国一となった騰訊（テンセント）も深圳発の民間企業だ。創業者の馬化騰は深圳大学電子エンジニアリング学部の出身。大学時代から名うてのハッカーとしてならしていた。卒業後はポケベル会社に就職するが、ハッカーたちが集うネット掲示板の管理人として名を高める。そして優れたエンジニアを集めて1998年に98年にテンセントを創業。世界的に人気だったチャットツール「ICQ」に酷似した「OICQ」をリリースする。後にソフト名を「QQ」に変更し、今でも中国では欠かせないチャットツールとしての地位を固める。11年にはスマートフォン向けチャットソフト「微信」(WeChat)をリリース。今や世界で10億人近いユーザー数を抱え、この分野ではフェイスブックに次ぐ地位を築き上げた。チャットソフト以外でもポータルサイトやゲームでも成功を収め、アリババグループ(浙江省杭州市)と勢力を二分する中国ビジネス界の雄となった。

●左手奥がテンセント本社ビル。右側に巨大なビルを新設している。2017年、深圳市南山区にて。伊藤亜聖氏撮影。

中国企業ではないが、深圳のエクセレントカンパニーとして欠かせないのが鴻海科技集団(フォックスコン)だ。iPhoneの受託製造、そしてシャープ買収によって、日本でももはや知らぬ者のいない存在だろう。

1974年、台湾で創業した会社だ。テレビ用部品の製造からスタートし、1980年代にはコンピューター用コネクター事業に進出。1990年代に入ると世界的なパソコンブームに乗り急成長を遂げる。

深圳には1988年に進出しているが、今の地位を確立したのは1996年に巨大工業団地「龍華科技園」を建設して以降だ。。鴻海も仕事内容としてはやはり受託製造なのだが、その規模はケタ違いだ。従業員数は時期によって大きく変動するが、最盛期には100万人を突破していた。もはや工場というよりも1つの街に匹敵する規模だ。巨大EMSの口火を切ったのだが、世界中の企業から発注を受ける同社の存在が深圳に高品質のサプライチェーンを要求するようになり、深圳製造業のレベルを引き上げる契機となった。

他にも、バッテリーメーカーから出発して電気自動車大手へと成長したBYD（95年創業）、携帯電話とタブレットの製造で一世を風靡したクールパッド（93年創業）などいくつものエクセレントカンパニーが存在するが、いずれも民間企業である。

深圳の民間企業の活力は、成功した企業だけではない。次なる成功者を狙って虎視眈々と爪を研ぐ人々がごまんといるのだ。

もともと中国人は商売人気質である。例えば「恭喜発財（ゴンシーファーツァイ）」という言葉がある。誕生日などお祝いの時に使うのだが、「お金持ちになりますように」という意味である。日本人の感覚からすると、お祝いの場で使うにはどぎつい言葉のようにも思われるが、中国人にとってはお金を稼ぐのは良きこととして捉えられている。ましてや野心家揃いの深圳では特にその傾向が強い。「3人集まればすぐ起業の話が始まる」と言われるほどだ。起業だけではなくて、やれどこのマンションがお値打ちだとか、日本投資は儲かるのかだとか、日本で言えば「今日はいい天気ですね」ぐらいのノリですぐお金の話になるのである。人生の半分近くを中国と関わってきた私は、自分が半分外国人になりつつあると感じているが、このむき出しの拝金主義にはいまだになじめずにいる。

お金万歳の世界が良いか悪いかは別として、野心家が集う深圳が刺激的であることは間違いない。一流の企業家、ビジネスマンだけではなく、そこらで働いている一般の労働者にもできる人間がごろごろいる。

面白い逸話がある。先に紹介したテンセントの創業者、馬化騰は1度、自作パソコン屋を開業したことがある。1990年代から2000年代中盤まで、中国各地には電脳城という呼ばれる場所があり、自作パソコン屋が軒を並べていた。客が予算や条件を告げると、それにマッチした部品を買い集めて組み立ててくれるというお店である。ハッカーだった馬も自分の強みを生かせると考えてこの仕事を始めたのだが、すぐにやめてしまったのだそうだ。というのも、他の自作パソコン屋で働く店員たちは高卒、中卒と学歴は決して高くなかったが、パソコン部品や組立の相性などに関する知識は飛び抜けていた。今でも深圳ではマクドナルドなどでiPhoneの分解修理の勉強をしている若者の姿を見かけることもある。理論を学んだ大学生も、組立や修理といった実践では現場の人間にはとても勝てないと悟ったのだという。

電子製造業の分野でも、有象無象の起業家たちのチャレンジが続いた。中小工場上がりの成功者として伝説的な存在なのが歩歩高電子（ブーブーガオ）（BBK）だ。創業者の段永平は1989年、「小覇王」と呼ばれるファミリーコンピュータのコピー機で大成功を収める。90年代に香港や中国を旅行した方ならば覚えておられるかもしれない。1つのカセットの中に100本ものソフトを詰め込むなどした、海賊版丸出しのゲーム機だ。

しかも段はこの小覇王をゲーム機ではなく、学習機という名目で発売していた。当時、外国語学習用の学習機と呼ばれるカセットテープ再生機は、中国で人気の商品だった。中にはメモリを詰んで、何度も聞き直したい発音部分を記録させ、テープを巻き戻さなくてもリピートできるというアイディア商品もあったほどだ。まだまだ中国人が貧しい時代だけにゲーム機を子どもに買ってやれる親はいないが、学習機ならば金を出すだろうという目論見だったのだ。この狙いが大当たりし、小覇王は爆発的な売り上げを記録する。

この資金を元手に段は1995年に歩歩高電子を創業。VCDやMP3プレーヤー、そして携帯電話と深圳の電子製造業で一目置かれる存在へと成長していった。今や歩歩高電子から生まれたOPPOとVivoというスマートフォン・ブランドは中国スマートフォン市場シェアのトップ5に食い込み、東南アジアを中心に世界進出を果たしている。零細事業者がコピーファミコンを成功させ、億万長者へと登り詰めていく。深圳にはこうした伝説がごろごろ転がっており、野心家たちのバイブルとなっている。

■山寨携帯

コピー品を作る能力で深圳の中国零細企業はどんなものを作っていたのか。それはMP3プレーヤー、携帯電話と続いた「山寨」だ。

山寨とは「山にある要塞」「山賊の住処」を意味する。転じて「コピー品」「ノンブランド品」「無認可品」を意味するようになった。例えば日本の有名なお菓子に「白い恋人」があるが、それを中国企業が模倣した「西湖の恋人」は「山寨食品」と呼ばれる。

だが、電子機器製造の世界ではもう1つ、別の意味がある。それは、独自の設計、部品、ソフトウェアを使わない製造手法だ。本書ではこれを「山寨スタイル」と呼ぼう。なぜ深圳で山寨スタイルが発展したのだろうか。

世界の下請け工場と化していた深圳では、安価な労働力が豊富だったこともあり、部品を集めて組み立てる能力には長けていた。しかし、基板を設計し、ファームウェアを開発する能力はなかったうえ、金型によって作られる部品も精度が低いという問題もあった。零細事業者が独自の製品を開発、量産することは難しい状況だったのだ。

これではとても製造業などできそうもないように思うが、彼らは自分たちの持つリソースだけで新たな世界を作り出していた。電子機器の要であるICは海外の半導体企業が開発する。そのICを搭載する基板の設計は、リファレンスデザイン（半導体メーカーが製品メーカーに提供する参考設計）をそのまま使うか、あるいは「方案公司」（デザインハウス）と呼ばれる基板設計メーカーが手直しした設計を用いる。ファームウェアも同様に提供される。

興味深いのは「公板」（パブリック・ボード）と呼ばれる基板だ。これは方案公司がMP3プレーヤーや携帯電話など、ある特定の製品用に設計した基板を一般販売するものである。新商品を作るにあたり、独自の基板を設計してもらう場合（これを「私板」、プライベート・ボードと呼ぶ）には開発費を支払う必要があるが、公板ならば基板の代金を支払うだけで購入できる。現在の深圳では最低ロットは1,000枚ぐらいだろう。

そして金型部品にも「公」が存在する。「公模」（パブリック・モールド）と呼ばれているもので、誰でも購入が可能な金型部品を意味している。金型をイチから起こすのには相当の費用がかかるが、1度作ってしまえばその後の部品量産コストは安い。この特性を生かして、携帯電話やMP3プレーヤーなど誰もが使える一般的なケースを作る金型工場が現れたのだ。

公板と公模以外の部品、ディスプレイやマイク、スピーカーなどはもともと部品メーカーが一般的に販売している。これを全部買い付けてきて、後は組み立てれば製品が完成するわけだ。世界の下請け工場だけに組立を得意とする人は多い。

企画だけを担当し、設計も部品も組み立てもすべて外注する「集研発公司」（インテグレーター）と呼ばれるポジションもある。いわば企画屋だ。最低限の知識とそして人脈があれば、簡単に集研発の仕事はこなせる。集研発公司が自己資金で製品を企画することもあれば、クライアントから依頼されて製造を代行するケースもある。

ここまでの説明を読んでいただくと、深圳の製造業がほとんどの工程を外注していることに驚かれたのではないだろうか。これが中国企業の特徴だ。東京大学の丸川知雄教授は「垂直分裂」という言葉でこの特徴を説明している。日本の大手家電メーカーでは、中核部品の開発から企画、製品開発、組立、販売までを自社で担う垂直統合モデルが主流だった。中国は真逆で、人に任せられるものはすべて任せてしまう、すべての工程が分断されている垂直分裂モデルになっているという。その極致が公板公模を徹底的に活用する山寨なのだ。

公板公模を活用した製品開発は20世紀の終わりぐらいから広がったようだ。特に成功したのはフィーチャーフォンで、「山寨携帯」の名で世界中に知られることとなった。

●華強北の電子機器市場。今なお販売されている山寨携帯。2014年撮影。

山寨携帯の成功の影にはある台湾企業の存在がある。それが半導体メーカー、メディアテック社だ。同社は2003年からフィーチャーフォン用のSoC（モジュール化されたチップセット）とファームウェアをセットで販売した。高性能ではなかったが、ミドルレンジの性能を低価格で販売し、しかも技術力のない中小事業者にも使いやすいよう洗練したファー

ムウェアが用意されていた。

メディアテックの力により「山寨携帯」は一気に巨大産業へと成長する。最盛期には深圳に大小3,000社もの携帯メーカーが存在したという。もっともメーカーとはいっても、マンションの一室で細々と作っている超零細企業も少なくなかったようだが。

同じSoCを使った山寨携帯であっても、市場に出回る製品は千差万別だった……少なくとも見た目だけは。ノキアやモトローラなど国際的メーカーのデザインを模倣した製品もあれば、ドラえもん携帯、ハローキティ携帯、ディズニー携帯などのブランド模倣品もあった。四合瓶ほどもある巨大ケースを使った面白デザインもある。さらには超大型バッテリーを使って待ち受け時間が異常に長い機種やら、ライトを搭載したり、スピーカーが爆音など、独自機能を追加した製品も登場している。

山寨携帯の多くはきわめて劣悪な環境で作られているため、お世辞にもほめられた品質ではない。故障は覚悟の上で使うしかないのだが、それでも圧倒的な安さは魅力だ。まだ携帯電話が高級品だった時代だけに、中国の低所得層にとっては動くだけでありがたい存在だった。中国だけではなく、ラテンアメリカ、アフリカ、インドなど途上国では爆発的な人気を得た。2010年にIT調査会社ガートナーが発表した統計によると、中国の山寨携帯は世界携帯電話市場で20％ものシェアを握っていたという。中国の調査企業iSuppliは2010年の山寨携帯電話生産台数を2億2,800万台と推計している。

この山寨携帯は中国政府がまったく関与していない場所で発展した。というのも、中国政府の産業育成政策は山寨スタイルとは180度異なるもので、携帯電話製造事業を免許制にすることで、一部企業の寡占を促して世界的な大企業に育て上げようと計画していた。

政府の規制など素知らぬ顔で、深圳の山寨事業者たちはせっせと独自製品を開発していた。無認可で規制もないのだからとんでもない失敗も起きる。

パキスタンでの事件は衝撃的だ。ある山寨携帯ユーザーが電話を盗まれたと届け出をした。通信キャリアが盗まれた携帯電話を使えないようにする措置をとったところ、数千人もの携帯電話が利用できなくなってしまった。

携帯電話には1台ごとにIMEIという固有の製造番号が割り当てられている。ところがその山寨携帯は同一機種すべてに同じ製造番号が割り当てられていたのだ。盗まれた携帯電話のIMEIを使って通信ネットワークに接続しないようにキャリアが設定したところ、数千台がとばっちりを受けてしまったというわけだ。

こうした失敗はあったとはいえ、山寨事業者たちの活躍は広がっていった。その爆発的な成長に中国政府も現実を認め、のちに携帯電話製造事業の免許制度を撤廃している。

スマートフォン時代の到来によって山寨携帯は勢いを失ったが、今でも深圳の電気街を訪れると、怪しげな山寨携帯の数々を見ることができる。中国国内でユーザーを見かけることはないが、途上国ではいまだに現役のようだ。

■中国の成長

2,500発家電王として日本のデジタル家電業界に爪痕を残した私だが、2011年にエグゼモードを退社することになる。

エグゼモードは2009年にフリービット株式会社に買収された。格安デジタル家電から一転し、ネット家電という新事業に挑んだが、思うような成果をあげることはできなかった。モバイルインターネットすらまだ完全に普及していない段階だけに、早すぎる参入だったのかもしれない。エグゼモードは2011年に製造事業からの撤退を決定、中国メーカーの販売代理店事業に転換することが決まった。あくまで製造業で勝負したいという気持ちが強かった私は退社を決める。

今振り返ってみると、エグゼモードにおける開発・製造は当時の深圳の変化を背景にしていた。

イノベーションという言葉はよく使われるが、実は大きく2種類に分けられる。新たな市場を作り出すような新規性のある製品の開発、いわゆる「プロダクト・イノベーション」と、製造工程の改革によるコストパフォーマンスの改善による「プロセス・イノベーション」だ。どちらのイノベーションが優位かは時期やジャンルによって異なるのだが、私が扱う電子機器の分野においては2000年代半ばから「プロセス・イノベーション」が優位な状況が続いていた。

その背景にあったのが深圳の発展だ。私がエグゼモードでフル活用したODM企業や貼牌という手法は、劇的な低価格と、そこそこの品質の製品を作り出すことを実現する「プロセス・イノベーション」だった。世界を席巻した山寨携帯、山寨スタイルの製造も「プロセス・イノベーション」だろう。

中国の台頭と反比例するように、日本メーカーは存在感を失っていった。彼らとて無策だったわけではない。この間も着々と新たな素材や部品の開発を進めていたし、素晴らしい製品を生み出していたと思う。ただ、モノはすばらしくても、売れるものではなくなっていた。尖った製品や高品質な商品よりも、コストパフォーマンスに優れたもののほうが選ばれる時代となっていたのではないか。

ハイエンドで売るためには単なる改善ではなく、革命的なアイディアが必要だった。例えば2007年に発売されたiPhoneが典型だ。スマートフォンという新しいジャンルを切り開いた商品だ。圧倒的な安さを誇った山寨携帯も、スマートフォンという新規性には太刀打ちできず衰退している。

ただ、画期的商品が出ても、今ではあっという間に陳腐化してしまうようになった。スマートフォンの分野でも、シャオミやOPPO、Vivoなど山寨スタイルを取り入れた中国大手メーカーが登場した。サムスン、アップルという世界2強はかろうじてその地位を保っているが、年々追い詰められている。

第3章　深圳2011～2014　深圳エコシステムの完成と無謀な自社工場

■日本人が作った中国工場

エグゼモードを退社した私はもう1度、勝負することを決めた。今度は完全な独立企業、しかも中国での創業で勝負しようと思った。

こうして2011年7月、私はジェネシス（JENESIS DIGITAL SCIENCE LTD. 創世數碼科技有限公司）をまず香港に創設した。法人登記は香港だが拠点は深圳だ。親から借りた200万円で深圳に自宅とオフィスを兼ねたマンションを借りた。零細ベンチャーのお手本のような起業である。

それでも私は意気揚々としていた。深圳での製造を始めてから10年、今度は活用するというよりも、自分が深圳エコシステムの一部になろうという覚悟を決めたからだ。起業のコンセプトは中国企業との直取引だった。NHJとエグゼモードでは台湾や香港のODM企業が間に入っていたが、現在の中国企業の実力ならば直取引のほうがより低価格かつスピーディーな開発製造が実現できると考えた。

起業にあたって、日本のビジネスマンではなく中国の経営者になるのだからと、一般の中国人や香港人が持っているようなニックネームを持つことを決めた。Jerald Fu、それが今の私の名前だ。今でも会社ではこの名前で通しているし、日本人名を知らない中国の知人も多い。

新製品開発でも受託製造でも、できることはなんでもやってやろうと思っていたが、親会社もなく資金もない新会社にできることは限られていた。コンサルタントやアドバイザーとして当面の資金を稼ぎながら、付き合いのあった会社から依頼された検品代行の仕事で当座の金を稼いだ。

運が良かったのは、起業した2011年に地デジ終了という大イベントがあったことだ。日本では地デジチューナーの在庫が払底し、作れば作るだけ売れるという特需が到来していた。「今すぐ地デジのチューナーが欲しい」という注文が飛び込むと、私はすぐに中国の工場を抑えた。

日本の地上デジタルチューナーはB-CASカードなど日本独自の規格があるため、ありものを買ってくる貼牌（テイエハイ）では対応できない。日本向けに独自製造するしかないが、この要求に対応できる工場は限られている。特需がある以上、工場の奪い合いだ。深圳について熟知し、しかも住み着いているという地の利もあり、私は工場争奪戦に勝利した。地デジチューナー特需によって会社は軌道に乗り、受託製造案件も入るようになっていった。

好スタートを切ったジェネシスだが、私はその時大きな悩みを抱えていた。それは中国企業との付き合い方だ。台湾や香港のODMを間にはさんでいた時とはまるで違う。台湾や香港の企業は契約書もそれなりに有効だった。性善説で付き合ってもそれなりに通用した。しかし中国企業はというと、契約書などなんの意味も持たず、仕様も守らない。納期に対する責任感もない。途中で価格を変えることもザラだ。しかもこちらが主張すると逆ギレしてすべてをひっくり返そうとしてくる……。付き合うには大変な相手だった。

支払いもそうだ。台湾や香港の相手には100％L／C（信用状）で取引していたが、中国相手では現金でなければ商売ができない。手付金を払わなければ発注できないし、途中で関係がこじれて協業がおじゃんになると、その手付金は返ってこない。もちろん返さない中国企業の違法行為なのだが、裁判をしても外国人が勝つことは困難と八方塞がりだった。

ジェネシス創業前に中国企業との直接取引がなかったわけではない。だからこそ乗りこなせると思っていたが、中国の一小企業という彼らと同じ土俵に乗った瞬間、景色はまるで違って見えた。

もう1つの悩みは、中国企業が日本市場向けの案件を嫌がるようになってきたことだった。日本向けは品質要求がべらぼうに高い上に、日本にしかないガラパゴス的な規制が多い。納期もうるさい。それでいて市場は小さいので数ははけない。面倒な割に儲からない日本向け案件はやらないという工場が増えつつあった。

この苦境を打破する策として考えたのが専用ラインの設立だった。注文が増えていたAndroid OSのタブレットは製造技術的にまだ難度が高く、品質にはムラが出やすかった。当時製造を委託していた工場は、DVDプレーヤー製造を主要事業としていた。タブレットとDVDプレーヤーでは組立工程は大きく異なる。DVDプレーヤーは大味な製造手順でも品質に問題が出ないのだが、同じ調子でタブレットを作れば高品質は望めない。また、ワーカーもDVDプレーヤーとタブレットのラインを行き来することになるため、なかなか熟練度が上がらなかった。

ジェネシス専用の生産ラインを作れば、こうした問題は解消する。品質検査担当者を常駐させられるからだ。専用ラインを保持し続けるだけの受注があるならば、このほうが品質を向上させられると考えた。つまり、ファブレスと自社工場の良いとこ取りを目指した構想だ。

そこで防塵室やエアシャワーも導入してもらい、それなりに満足のいくレベルの設備を整えた。専用ラインが稼働すると、品質は向上し、納期管理の精度も上がった。大成功だとその時は考えていた。

専用ライン稼働からしばらくが過ぎた2013年2月、香港に出かけていた私に中国人社員から緊急連絡が入った。ワーカーが出社してこないというのだ。慌てて深圳に飛んで帰った。確かに工場はもぬけのからだった。

ワーカーたちを探すと、寮で休んでいるではないか。なんで出勤してくれないのかと話を聞いてみると、連日の残業に疲れ果てたとの答えが返ってきた。確かに旧正月直前の繁忙期で、仕事は忙しかった。中国では旧正月が長期休暇となる。ワーカーもみな帰省してしまい、1か月近くはほとんど仕事にならない。休み前に仕事をすべて終わらせておく必要があった。

どうにか仕事をして欲しいと頼み込んだが、ワーカーたちは聞く耳を持たない。今日は休むの一点張りだ。彼らがここまで強気の態度を取れるのには理由がある。ジェネシスの専用ラインで働いているとはいえ、雇い主は私ではなく工場経営者だ。よっぽどのことがなければボスに逆らう勇気はないが、第三者の私相手ならば気軽に反抗できるというわけだ。

専用ラインに満足していた私は、こんな落とし穴が待っていようとは予想だにしていなかった。とはいえ泣き言を言っても始まらない。翌日までに300台を完成させて空輸しなければ納期が守れない。

説得に応じてくれないというのならば、残る手段は金しかない。私は銀行へと走った。下ろせるだけの金を引き出して寮に戻った。ボーナスとしてこの金を支払う。だからどうか手伝って欲しいと頼み込んだ。金に釣られて、ようやく半分ぐらいのワーカーがラインに入ってくれ、納期を守ることができた。

どうにか危機を乗り切った時、私は自社工場を作るしかないと決意していた。ファブレス全盛時代である。固定費を支払って工場を持つなど正気の沙汰とは思えない。だが、自分がボスになってすべてをコントロールしないかぎり、やっていけないと考えたのだ。

事件から2か月後の2013年4月、私は無謀とも思える自社工場所有に踏み切った。最初の工場は新興企業ビルの一角だ。パートナー企業がハイテク許可証を持っていたので、その名前を使うことで安く借りられた。本来はオフィス用の建物だったが、無理矢理フロアの半分を借りて工場とした。「生産ではない、一部加工だ」と言い張って押し通したのだ。私にもだいぶ中国流が身についてきたようだ（笑）。

従業員を長期で雇える自信がなかったので、まずは臨時工でそろえた。中国のワーカーは、長期勤務を前提とする一般工と、季節労働者である臨時工とがきれいに分かれている。臨時工は発注量の変化に応じて柔軟に雇用を調整できるのがメリットだが、会社を渡り歩く荒くれ者が多く、質はお世辞にも期待できないという難点があった。

●ジェネシス初の深圳自社工場。筆者撮影。

恐る恐る始めた自社工場だったが、評判は良かった。顧客の細かい要望に応えられるようになったのだ。

■方案公司

自社工場の保有には思わぬ副産物もあった。それは方案公司（デザインハウス）と直取引できるようになったことだ。電子機器の中核部品はICだが、クアルコムやメディアテックといった大手メーカーは中小の工場とは直取引はしてくれないし、工場にも基板設計の能力はない。基板設計やファームウェア開発を担う方案公司という業者を通して購入することになる。

以前に述べたが、独自に設計してもらった基板を「私板」（プライベート・ボード）、ある製品用に開発済みの基板を「公板」（パブリック・ボード）と呼ぶ。私板を作ってもらう場合にはまず開発費の支払いが必要と

●ジェネシス初の深圳自社工場。大槻智洋氏撮影。

なるが、公板の購入ならば必要な枚数の代金だけ支払えばいい。これが深圳では小ロット製造のハードルが低い最大のキモだ。

自分たちで設計すれば方案公司は不要だが、製品開発期間は最低でも1年、下手をすれば2年は必要になる。ところが方案公司を活用すれば2か月で製造できてしまう。しかも小ロットでもコストはかからない。

ここまでは私もよく知っていた。だが、公板の購入後も面倒な作業が残っているとも予測していた。公板と他の部品を組み上げれば製品は完成するわけだが、その他の部品をどのように選別するかが課題だと考えていたのだ。

なにせ中国には膨大な部品メーカーが存在する。1つ1つの部品について、どのメーカーのどの部品ならば適合するのか、このメーカーは信用できるのかとチェックしなければならない。選択肢がないよりもあるほうがいいに決まっているが、選択肢が多すぎるのも困りものだ。しかも、ここは中国。日本ならば詐欺師のようなメーカーはそんなに多くはないが、深圳ではいい加減なメーカーばかりだ。そういう会社に限ってパンフレットやウェブサイトだけはこぎれいに作っているので、見分けることは難しい。NHJやエグゼモードの時にも、使えるODM企業を探して四苦八苦したが、今回は部品1点1点について同じことをしなければならない。想像するだけで卒倒しそうな仕事量だが、工場設立の時点で私は腹をくくっていた。どんなに大変でもやりきるしかない、と。

こうして気合いを入れまくった上で、方案公司との初取引に望んだのが……。彼らから手渡されたBOM（Bill Of Materials、部品表）を見て、私は仰天した。

●方案公司から提供されたBOM。

序号	元件名称	元件参数/型号	用量	描述	承认状态	参考含税价格	最新价格（含税RMB）	供应商	联络人	联系电话	备注
1.EM-T8880_V6.0LA主料											
1.01	PCBA	EM_T8_V6.0 M0 MTK	1	EM_T8880_V6.0 MO(PCDDR) 1G+8G	Y	170.00	170.00	亿道			
	LCD	KD080D24-40NH-A12	0	HSD 8" IPS 800*1280 ,184 1*114 6*2.2mm 40PIN MIPI接口 IC:OTA7291A	Y	105.00	108.50	中豪(400亮度)	国显115RMB,飞洋95RMB,欧菲83RMB		
	TP	HXD-0723	1	8" P+G COB IC:GSL3670 205.78*117.8*1.48mm 黑色	Y	18.00	19.80	帝显（白色）	勤正25RMB,帝显18.5RMB	由于超窄边，容易造成生产报废，所以成本有所提供	
	后摄像头	CMY0239BQ1-V1.0	1	前30万 IC:GC0310 MIPI接口	Y	3.52	0.00	创美亿 3.52	曼思德10.3RMB	杨总 ■■■■	
1.05		CMY0241BT1-V1.0	1	后200万 IC:GC2355 MIPI接口	Y	7.48	0.00	创美亿 7.48		■■■■	
	电池	ETC26106102P	1	100.5*106.5*2.7 容量3500mAh 3.7V 左出线 线长20mm ATL电芯	Y	22.75	22.00	德赛	世纪能源23.5RMB		
	喇叭	BRD2415L045H32-1	1	1W 8欧姆 2415 厚度3.2mm 喇叭 线长:45mm绞线 单磁 底面出音喇叭配底面出音底壳	Y	1.06	1.00	贝睿尔	杨志君	■■■■	探玛壳专用

BOMとは製品を構成する部品のリストだ。方案公司が担当するのはあくまで基板設計である。使う部品についても決めなければ設計はできないとはいえ、どういう液晶パネルが必要か、どういうマイクが必要かといったざっくりとした仕様が書いてあるものだとばかり思い込んでいた。

ところが渡されたBOMを見るとどうだろうか、仕様どころか取り付ける部品の種類まで特定されている。さらには「朱さん　138*******」など買い付けのための電話番号まで書いてあるではないか。

ちなみにこのBOMをどう使うかは自己責任だ。自分が選んだ部品を使ってもいいが、動くかどうかは自己責任になる。液晶1つをとってもドライバーがチューニングされていないので映らないことも十分考えられる。しかしBOMに従えば、例えばカメラの部品がはまらないなどの問題がクリアされる。

拍子抜けとはこのことだ。無数にある部品メーカーからサンプルをかき集めて、テストを繰り返し……といった工程はすべて無用。BOMに書いてあるとおりに電話して部品を買い集めてくれば良いだけだった。部品の品質などについては我々が検品して確かめなければいけないが、指示通りの部品ならば少なくとも組み合わせた後の相性は保証されている。

よく考えてみれば、深圳にはホワイトカラーが4人ぐらいしかいない工場もある。どう考えてもこれで製造できるはずがないので不思議に思っていたが、方案公司があればそれで工場が回ってしまう。BOMどおりに部品を集めればいいのだから。

この電話番号付きBOMを手にして、私はようやく深圳のエコシステムの秘密を悟ったのだった。本書冒頭で書いたとおり、工場や部品メーカー、方案公司、検査会社、物流などサプライチェーンが整備されていることが強みだが、それだけではエコシステムは成り立たない。無数のプレーヤーが乱立している深圳はいわばジャングルであり、森をかきわけて最適解を見つけることはきわめて困難だ。ガイドが必要なのだ。

方案公司は単に基板設計を担っているだけではなく、ガイドの役割を果たしている。本来ならばきわめて難易度の高いはずの深圳エコシステムの活用を容易なものへと変えてくれる。私にとって大きな驚きであったし、おそらく今まで誰も明かしたことがない深圳の秘密ではないかと思う。

■ジェネシスの製造事例

さて、本節では実際に我が社がどのような開発を行っているのか、ご紹介したい。ある日のこと、当社の元社員達がスピンアウトしている商社から1件のメールが飛んできた。

「藤岡さん、これと同じような製品をお願いします」という文面の下に、類似製品のURLが貼ってあるだけの短いメールだ。依頼してきた商社はネット通販事業者を相手に商材を卸している。気心が知れている相手だけに、前振りもなければ詳細も一切ない。

メールを読んだ私は、まず類似製品の分析を始めた。それはアナログのAV信号を端末に入力し、SDカードに動画保存する小型レコーダーだった。ビデオテープに保存した映像をデジタルデータに変換して残したいというニーズに応える製品だ。ネット通販では売れ筋の商品だったようだが、現行品を製造していた会社が倒産したため代替品が必要になったのだ。

彼らの良いところは、メインの仕様さえ達成すれば、他は特にこだわらない点だ。もちろん販売価格が安くならないと売れない訳だが、きちんと仕様さえ決めれば、後は何も言わずに待っていてくれる仲間たちである。途中途中で状況の確認をしたり、納期の交渉をすることもない。要するに、一切合切私に任せたほうが最終的に良い製品ができあがり、納期も最短になることを熟知していた。

私はまずマルチメディアプレーヤー系の方案公司を当たり始めた。MP3プレーヤーやデジタルフォトフレームなど、深圳山寨（シャンジャイ）の初期時代に活躍した人たちだ。この手の製品の人気はすでに下火になっているだけに廃業したところも多い。依頼する候補はもう2〜3社しか残っていなかった。

「AV信号をデジタルに変換して保存する」、これが製品のメイン機能となる。調べたところ、この機能を持つ公板（パブリック・ボード）はないことがわかった。当然ながら、公板を収納することを前提に作られているケース、公模（パブリック・モールド）も存在しない。

公板や公模がない場合には、既存品を流用しない「スクラッチ開発」で行くしかないが、開発費や金型費がかさむので小ロットでは採算が取れない。普通ならあきらめるところだが、かつての仲間からの依頼ということもあり、もう少し食らい付いてみることにした。

まずは基板だ。類似ジャンルには公板があることがわかった。動画レコーダーではなく、プレーヤー用の基板だ。保存された動画をテレビに映

●ジェネシスの工場。日本からの視察団を案内する筆者。2017年撮影。

し出す用途でAV出力を搭載している。中国では海賊版コンテンツがほぼフリーで手に入るため、テレビを録画する必要はない。必要なのは再生するデバイスというわけだ。家庭にビデオデッキもDVD録画機もない中国ならではの文化が方案公司の仕様にも影響していた。ゼロから基板を起こすと時間も開発費も掛かってしまう。そこで、動画プレーヤー用基板のAV出力をAV入力に設計変更して欲しいと方案公司に依頼した。

もう1つの懸案である金型についてもアイディアを出した。レコーダーのケースは箱型で表面と裏面の2種類のパーツを貼り合わせるしくみだ。そこで表面は既存の公模を使用し、端子がある裏面だけを新規で起こすことにした。金型代は単純計算で半分になる計算だ。

このプランで見積もりを取り、商社に提案した。一般販売を担うネット通販会社が興味を持ち、案件成約となった。

契約が決まれば次は試作である。改造された基板が届いたのでテストを行うと、AV出力信号にかなりのノイズが乗ることがわかったが、改善に取り組んだところ何とか許容できるレベルまで抑え込むことができた。

金型部品でも問題が起きた。商社からはシルバー塗装との要望を受けていたが、実際に塗装してみると、ボタンにウエルドライン（金型を使って樹脂成形を行う際、樹脂が融着して発生する細い線）がくっきりと浮き出てしまった。精度が低い金型ではよくあること。これで慌てていては深圳で仕事はできない。ラバーブラック塗装ならば目立たないはずだと試してみると、ウェルドラインは見えなくなった。

「多少値が張るけど、費用はこちらで負担する。ラバー塗装で行こうと思う。サンプル送るので確認して欲しい」とメールする。サンプル品を見た商社はとても気に入ってくれた。金型の甘さというトラブルを切り抜けたわけだ。試作段階での問題を解決すると、量産はとんとん拍子で進んだ。発売された製品の評判は上々だった。初回ロットは3,000台だったが、その後増産を重ねて累計1万数千台に達するヒット商品となった。現在も販売を継続している。

実はこの製品、初回ロットではほとんどジェネシスに利益は出ていない。若干ではあったが金型費と設計費用が発生したためだ。それでも仕事を受けたのはこの製品はもっと売れるという読みがあったためだ。増産されなければ利益が出ない、博打的要素のある案件だったが、それでも製品を世に出すことにチャレンジしたのが吉と出た。

餅は餅屋という言葉がある。仲間の商社が私を信用して任せてくれ、ほとんど口出しせずに待っていてくれたから、このような良い結果が出せたのだと思う。当社がメインに取引をしているITサービスのお客様も同様に任せてくださる方が多い。プロはプロを知る。各々が自分の専門分野に専念し、成果物を組み合わせると1＋1が3にも4にもなる。特にソフトウェアとハードウェアの組み合わせであるIoTでは顕著ではないか。

確かに、塗装や仕上げにこだわりがあるかもしれない。アップルのiPhoneのように、潤沢な開発費と膨大な生産台数があるならば、満足い

●ポータブル動画レコーダー「PVR-40」。

くまで試作を繰り返し、問題があれば金型を修正し作り直しをすればいい。だが、低開発費の小ロット生産ではそうはいかない。こだわりか、それとも予算厳守か。二者択一を迫られる。

私は常に代替の選択肢、「プランB」を用意している。私を信じて任せてくれるプロがいる一方で、初めてハードウェア製造に挑むスタートアップ企業は私の提案を受け入れないことが多い。ジェネシスはあくまで受託製造企業であり、決断するのはクライアントなのだから、私の提案を受け入れなければダメだなどと言うつもりはない。ただ、こだわりを達成するためには、製造費が上がったり納期が延びたりというトレードオフを受け入れなければならないという現実を理解して欲しいだけだ。

小ロットでも低コスト短納期の開発製造が可能な点が深圳の魅力だが、ひとたびエコシステムから外れると、こうしたメリットは一気に減じてしまう。

よくある話が、一部の部品を日本で調達したり、あるいは一部工程を日本の工場に任せたいという申し出だ。精度が必要な部分は日本に任せ、コストカットは深圳に任せる。理想の組み合わせに思えるが、多くの場合は机上の空論である。

中国に材料を持ち込むには増値税という税金がかかるが、その税率は17％という高額だ。完成品を輸出すれば還付申請が受けられるとはいえ、最初に税金を支払う必要があり、また申請の手続きコストも発生するため、安易にはできない。また、ハードウェアは何処かで箱を開けて作業をしたり、それこそ貨物を右から左に動かしたりするだけで相応のコストが発生する。

上述の事例はその典型だ。何も私がアイディアマンだと自慢したいわけではない。深圳のエコシステムからはみ出してしまいそうな案件をどうさばくかという実例をお伝えしたつもりだ。

動画レコーダーはスクラッチ製造の事例だが、もう1つ、深圳の既存設計、既存部品を活用した開発・製造の事例についてもご紹介したい。それは、ある学習塾専用のタブレット開発だ。

その塾では生徒にはiPadを配布していた。塾専用のアプリを使うためだが、問題はiPadがオーバースペックで高額すぎるという点にあった。塾が配布するタブレットで遊ばれては困るので専用アプリ以外は起動できない設計にしているのだが、そうするとBluetoothやGPSなどなど、iPadの誇る数々の高機能はすべて無駄となってしまう。

ジェネシスではその学習塾のアプリを分析し、快適に動作するハードウェア環境の要件を定義した。CPUも必要最小限のスペックに設定。Bluetoothなど不必要な部品も搭載しない。耐用年数も1年に設定した。長持ちするデバイスを作ればその分コストが必要だからだ。むしろ学年が変わるたびに端末を入れ替えるほうが最終的なコストは安くなる。なにせ電子機器は年々コストパフォーマンスが飛躍的に進化する分野だ。同性能のデバイスの価格は1年後には劇的に下がっている。

こうした割り切った設計の結果、学習塾用のタブレットは1台1万円程度の価格で製造できた。iPadの購入価格は7～8万円はするだろう。その学習塾は深圳を活用することで大きなコストカットに成功したわけだ。

■深圳の弱点

低コストで小ロット製造ができる深圳エコシステムの魅力について紹介してきたが、もちろんメリットばかりではない。前節ではエコシステムからはみ出る行為、例えば中国製以外の部品を使おうとすると、一気にコストが跳ね上がることは説明した。それ以外にも問題は多々ある。

中国製部品については、最大の課題は品質のばらつきが大きいことだ。特にコンデンサーや抵抗などの電子部品にその傾向は強い。部品購入時に選別することで初期不良は防げるが、長期運用の信頼性には欠ける。

また、無数のメーカーが競い合って部品を作っているため低価格で購入できるのだが、部品の製造中止やメーカーの倒産によって、同一部品が市場から消えるスピードも凄まじく速い。修理や増産のために同じ部品を入手しようとしても、1年後にはもう手に入らないということも多々ある。

また部品メーカーとの取引もやっかいだ。品質基準について事前に合意していても守られないのはザラ。こちらもそれでは受けられないと突っ返すのだが、それを何度か繰り返していると、「これ以上は商売を続けられない」と向こうが逆ギレしてしまう。ここでケンカ別れしてしまうと、支払った手付金は返ってこないし、今後は取引できなくなってしまう。逆ギレされればこちらが折れるしかないのだ。品質基準に満たないガラクタ部品を返品できず、泣く泣くこちらで廃棄したことは1度や2度ではない。

こうした中国人独特の文化や思考法に苦しむのは、部品メーカーとの取引だけではない。今でも忘れられないのが、あるタブレット端末の開発だ。

これはまだ自社工場を持つ前の話で、当時、量産は中国工場に委託していた。契約が終わった後、クライアントからの要望で搭載するAndroid OSを最新バージョンに代えてもらえないかと打診した。納期を1カ月遅らせてくれれば対応可能とのことだったのでお願いしたが、できあがった実機を見てみると旧バージョンのOSが搭載されているではないか。いったいどうなってるんだと委託先を問い詰めたところ、「契約は旧バージョンという仕様だった。我々に非はない」と言い放った。納期を遅らせたのにOSが古いままとあってはクライアントに申し訳がたたない。連絡した記録など事実に基づいて反論したが、向こうは頑として過ちを認めない。

日本人にはなかなか理解しがたい発想だが、彼らは「自分たちが間違えた」ことをよく知っている。だからこそ絶対に非を認めないのだ。認めてしまえば賠償責任が生じる。自分たちが間違えたからこそ、屁理屈でも逆ギレでもなんでもいいからごねて問題をうやむやにしようとしているのだ。

こうした中国流のやり口に翻弄される日本企業は多い。これらのトラブルを避けるプロが私だが、正直なところ100％リスクを回避できるわけではない。多くの失敗を積み重ねて得た教訓によって、大半の落とし穴は回避できるようになったが、それでもトラブルは避けられない。重要なのは思いもよらぬトラブルに直面した時にどうリカバーするかだろう。

この時、私はどうしたのか。言い訳を続ける委託先に対し、涙を流しながら「私がすべて悪かったんです」と頭を下げた。

泣き落としをしようと嘘泣きしたわけではない。今回のミスは自分の油断から生まれたもの。相手が仕様変更を了承した後も、しつこく確認を続けていれば防げたミスだった。そう思ったら自然に涙があふれてきた。自分の油断が招いたことだと思えば、自分が泥をかぶってもいいと判断したのだ。委託先からすれば、賠償金が発生しないことさえ確認できればいい上に、「窮地の藤岡を救ってやろう」という上からの態度で対応できる。事実関係や責任の所在を確認するのが道理だろうが、そんなことよりもクライアントとの約束を守ることを優先したのだった。

電子部品以外にも中国には問題が山積みだ。例えば金型。中国で金型を作れば、日本で作るよりもはるかに低コストだ。ただし金型設計のノウハウが少なく、精度は低い。高品質の金型であれば成型色そのままで商品にできることもあるが、中国製では無理だ。塗装でごまかすことは必須条件となる。

その塗装も、クリーンルームなどの環境が整えられていないため、ほこりなどの汚れが混じることは覚悟しなければならない。白系の塗装では汚れが目立つために歩留まりが下がってしまう。塗装後も温度や湿度が管理されていない環境で保管されているため、置かれた場所ごとに違う色に変色してしまうといった問題もある。

そして中国ならではの流出リスクもある。前章で私がたずさわったDVDレコーダーのファームウェアが流出した話をしたが、中国の方案公司に発注する以上、基板とファームウェアの情報流出は避けられない問題だ。私板、つまり独自設計を依頼した基板でも汎用性があると判断されれば、その方案公司から公板として売り出されてしまうという事例もしばしばある。

企業にとって重要な資産が金型だ。独自に金型を作った場合、その保有権はクライアントにあるが、金型を作って部品を作ってもらう以上、成型工場に預ける必要がある。この時、余分に部品を作って売却するなどの違法行為が頻発するのだ。どれだけ取引実績のある相手でも、こちらが目を離せば金型は流出すると考えておいたほうがいい。徹底的なチェックが必要だ。

中国製造にはさまざまな落とし穴が待ち受けている。これもトレードオフだ。さまざまなトラブルと落とし穴が待ち受けているが、小ロット低価格の製造ができる深圳、安心できるがともかくコストがかかり最低発注数が大きい日本や台湾。どちらを選択するかという話になる。そして現実はというと、日本や台湾で作った製品の多くは価格的に中国製造に対抗できず、敗れ去っている。

ジェネシスでは深圳の安さと柔軟性、そして日本に近いクオリティというぎりぎりのラインを実現するために工夫を凝らしている。それが3重のセキュリティネットだ。

第1のセキュリティは、部品の選別。初期不良のある部品をすべてはじく。

第2のセキュリティは、完成品の全数検査だ。中国EMSの多くはサンプル検査しか実施していないが、ジェネシスではすべての完成品をチェックする。さらに動作確認だけではなく、一定時間稼働させるエイジングを施すことにより、信頼性を向上させている。しかも、部品選別と全数検査を担当するのはホワイトカラーだ。

中国の工場では一般のワーカーとホワイトカラーで契約も給与も全く異なる。ホワイトカラーの人件費は一般ワーカーの倍以上だ。通常はエンジニアや管理職だが、ジェネシスでは検品のプロとして雇用している。そのため従業員の約半数がホワイトカラーという異色の工場となっている。金はかかるが、品質を守るためには必要な出費なのだ。

第3のセキュリティが、日本の宮崎県にあるカスタマサービスセンターだ。故障発生時に中国工場まで輸送すれば時間がかかる。日本国内の拠点で速やかに修理対応を行っている。

品質確保のための3重のセキュリティネットこそ、ジェネシスの競争力の核心だ。中国製造のプロを名乗るコンサルタントは何人もいるが、自社工場を持たないかぎりこの体制は構築できない。工場のテナント料や社員の給料など固定費を負担するリスクを負ってまで自社工場にこだわる理由の1つはここにある。コストと品質の折り合いをつけた、競争力のある現実解を見つけたと自負している。

●ジェネシスの宮崎カスタマサービスセンター。

■中国人の雇い方

自社工場を設立した以上、私自らが中国人従業員を雇う必要がある。深圳の強みの1つに、華南地区という立地条件がある。深圳は30年前に作られた新しい街だ。そのため“地元の人”はほとんどいない。ワーカーの大半は地方からの出稼ぎ労働者で構成されている。

出稼ぎ労働者といっても、経理財務や購買などの事務職、品質管理やエンジニアなどの専門職を指すホワイトカラーと、ラインの組立を担うブルーワーカーとに分かれている。ホワイトカラーとブルーカラーの線引きは私が好むところではないが、中国では雇用条件が違うばかりか、ブルーカラーは製造原価算入、ホワイトカラーは販売管理費（人件費）算入にするなど、会計基準からして線引きするように定められている。

出稼ぎ労働者というと、ついついブルーカラーを想像しがちだが、実はホワイトカラー職の比率も昨今は格段に伸びている。それでも組立工場ではブルーカラーが大多数を占めるのが一般的だが、ジェネシスはホワイトカラーとブルーカラーの比率が半々という珍しい構成だ。組立だけではなく、開発・設計業務を担うこと、品質管理用のスタッフを数多く抱えていることが要因だ。

さて、ブルーカラーの出稼ぎ労働者はどのような人々なのだろうか。

湖北省、湖南省、四川省、広西チワン族自治区、そして広東省内の隣接地域の出身者が多い。高速鉄道で4〜5時間圏内、普通の列車やバスで20時間以内という距離で、旧正月に帰りやすいのが魅力だ。もっと遠い地域の人々は蘇州や寧波など別の工場地帯に向かう。

待遇だが、ブルーカラー、中国語では「普通工」と呼ばれる採用枠の場合、最低賃金（2017年）は月2,130元（約36,000円）となる。これに残業代などの手当を足して月3,000〜4,000元（約51,000〜68,000円）が実際に支払われる給与となる。なお、寮と食事は会社側の負担だ。深圳の一般的な工場と同じく、ジェネシスも工場と同じ敷地内に社員寮を用意していて、1部屋に5〜6人くらいが住んでいる。普通工は募集をかければ比較的容易に集まるが、離職率も高い。当社は、優秀な人材をライン長補佐などに取り立てて手当を支給する、ラインから材料管理の仕事にシフトさせるなど、頑張ればそれなりの見返りが得られる人事制度を用意し、定着率の向上につなげている。

●検品代行の訪問先にて“厳しく”注意して改善するよう促す筆者。2013年、大槻智洋氏撮影。

ホワイトカラーも出身地域はブルーカラーとほとんど変わらない。地方大学を卒業後、よりよい待遇の仕事を求めて深圳にやってきた人々が大半だ。

給与は能力や職種によって違うので一概には言えないが、役職がない社員で月給4,000〜5,000元（約68,000〜85,000円）。マネージャークラスでも1万元（約17万円）前後である。ほとんどのホワイトカラーは友人とルームシェアをしているか、一緒に働きに来た家族と同居している。というのも、深圳の物価は中国でもトップクラスに高く、今や日本ともさほど差はない。家賃に関してはジェネシスのカスタマサービスセンターがある宮崎よりも高いだろう。1人で部屋を借りるほどの余裕はない。

ちなみに、ちょっといい外食や衣料品の価格も、もはや日本と同じか、それより高いほどだ。日本を旅行する中国人が爆買いする気持ちもよく分かる。

中国の賃金は年々上昇している。経営者にとっては頭の痛い問題だが、物価の上昇を考えれば中国人の生活は決して豊かとは言えない。それだからこそだろうか、中国人はハングリー精神が強く、よく働く。その上、少ない給料の中から必死にお金をためて親に仕送りをしているのだ。その頑張りぶりには感服するしかない。

また必死に働いた分のリターンも堂々と要求してくる。自分にどれだけの能力があるか自己アピールも強く、また能力に見合った給与ではないと感じると、退職覚悟で賃上げ交渉を挑んでくる。黙々と仕事をすることが美徳の日本人とは真反対の人々だ。中国人はボスに認められればリターンがあると知っているので、どんな無茶ぶりにも答えようと必死でトライをする。

逆に日本人スタッフは、厳しい要求をすると、「無理です」とまずは反対して見せたり、あるいは実現が難しい理由を言い出してみたりすることが多い。要求に応えられなかった時のために保険をかけているのだろう。気持ちのいい、一発返事が返ってくることは少ない。稼ぐためにはボスに認められなければならないと必死の中国人は全然違うのだ。

かつての日本人にも中国人に負けないガッツがあったと思うのだが……。豊かな社会が実現して人が変わったのだろうか。中国もまだ貧しいとはいえ、1980年代と比べれば雲泥の差だ。

その一方で、気質にも変化が現れているという話も聞く。例えば「第二世代農民工」（第2世代出稼ぎ農民）という言葉がある。1980年代から出稼ぎ労働者は増加していたのだが、30年以上が過ぎた今、代替わりしている。親世代の出稼ぎ労働者は必死に働いて金を貯めて故郷に家を建てることが夢だった。一方、新世代は田舎に帰るつもりもなく都市で一生を過ごす人生設計を描いている。金を貯めるだけではなく、今の生活を楽しもうという消費性向を持っているという。

なるほど、極貧の1980年代と比べれば違いはあるのだろう。1人っ子政策の影響もあり、90年代生まれの若者は甘やかされて育った者も多い。昔ならば残業はあればあるほどいいという考えが主流だったが、休みが欲しいと言い出すワーカーも増えてきている。それでも中国人のほうがはるかにハングリーで野心を持っている。この違いはどこにあるのだろうか。

私の仮説はこうだ。日本の若者にとって高度成長を支えたのは祖父世代であり、その体験はすでに遠い過去の話となってしまった。一方、中国の若者にとっては高度成長を支えたのは親世代であり、直接影響を受けている。この違いが大きいのではないだろうか。

豊かになったメリットもある。進学率が上がり、高度教育を受けた優秀な若者は増えている。優秀な上にハングリー精神と野心まで備わっているのだから手が付けられない。深圳に続々と新たなイノベーションを起こす企業が生まれているのも、こうした事情があるのではないか。

■中国人が分からない

私は2001年以来、中国とたずさわってきた。今では深圳に会社を持つ経営者であり、そのエコシステムの内部に住み着いている。だが、その私をしても中国人の気質、性格についてはいまだに分からないことが多い。

日本の書店へ行くと、中国人との交渉術を書いたビジネスマニュアル本は何冊もある。人間関係の深さが大事、メンツを傷つけるなといった大前提から、宴席での振る舞い方まで細々書いている。そうした本が間違いだというつもりはないのだが、それでも現実を理解することは難しい。

確かに中国人はメンツを重んじる。相手のメンツを潰さないように配慮することはきわめて重要だ。だが、損得などの合理性よりもメンツを重んじるかというと、そういうわけでもない。中国人ほど合理的な人間はいないとも感じる。メンツや体面を重んじることと合理的な判断を下すことはなにやら矛盾するようにも思うが、中国人にとっては両立する概念なのである。

矛盾した概念の両立といえば、「熱情(ルーチン)」と「聡明(ツオンミン)」もそうかもしれない。熱情は「親身になる、熱心に」という意味だ。中国人は熱情という言葉が大好きでよく使うし、実際に付き合うと親身になってくれる人が多い。久々に会うと時間を割いて歓待してくれたり、困ったことを相談するとあれこれツテをたどってくれたりする。こうした熱情にほだされて中国人を大好きになる日本人も少なくない。

ただ、そんなに良くしてくれた人がいざビジネスとなると、抜け目なく立ち回り、さまざまな罠をしかけてくることも事実だ。先に紹介したように、自分に非があると知りつつもそれを認めなかったり、逆ギレしたり、あらゆる手を使ってくる。日本人の感覚からすると狡猾としかいいようがないのだが、これが中国人的には「聡明」（賢い）という言葉で表現されるのだ。

GDPでは世界2位の経済大国になった中国だが、社会制度や法律の面ではまだまだ途上国だ。賄賂を始め、さまざまな抜け道が存在している。

例えば中国は毎年9月10日を「教師節」と定めている。学校の先生に感謝する日なのだが、実際は保護者たちがいかに賄賂に見えないようにして教師に付け届けをするか、知恵を競う1日となっている。うまく付け届けをして教師の歓心を買えたならば「聡明」というわけだ。失敗した人間は不満には思うものの、全体的にはうまく賄賂を贈った人間の知恵が称賛される傾向にある。

一事が万事この調子である。人を出し抜くことが善なのだ。同じ人間が親身になってつきあってくれたかと思うと、ずる賢く騙（だま）そうとしてくる。かと思えば、再び親身になってくれる。熱情と聡明は相反するものではなく、両立しているのだ。

だから、中国での取引は、いつ手のひら返しがくるか分からない緊張したものとなる。日本ならば「これまでの付き合いを考えて……」「今後の良好な関係のために……」といった情も混じってくるが、中国ではいつ裏切られるかわからないのだから、先のことなど考えても仕方がない。

私は日中ビジネスマンの違いは「損して得するが日本人、中国人は得して得する」だと言っている。今回は損しても仕方がないという考えはないのだ。1回1回の取引でメリットがなければやらない。超近視眼的な取引であるが、人間関係も社会も変化が激しい中国ではこうして生きるしかないのだろう。

20年近く中国人と付き合っている私ですら完全に彼らのことを理解できたわけではないが、それでも彼らと付き合うための方法論をある程度は確立している。中国企業との取引を考えている日本人にはいつも、次の5か条をアドバイスしている。

(1) すべてを性悪説で考えなければならない

指示通りのものができない、約束が守られないのは当たり前のこと。向こうができない、やってくれないことを前提に計画しなければ必ずや

●中国企業では定番の商談用テーブル。お湯を沸かすための電熱器が埋め込まれていて、お茶を飲みながら長時間にわたり交渉を続ける。2015年、大槻智洋氏撮影。

痛い目にあう。「信頼できるパートナーを見つけたから安心だ」などという性善説の考えではやっていけない。信頼できるパートナーだと思っても、トラブルが起きることを前提に行動するべきだ。

(2) 現金の着金がすべて

中国での取引は、現金かつ前金がすべてである。契約書も発注書も意味がない。部品を買うのも、設計を依頼するのも、ともかく手付金を支払わなければ始まらないのだ。そして1度払った金は契約が履行されたかどうかにかかわらず、決して返ってこないことも肝に銘じなければならない。

(3) 極度に要求を押し付けない

中国の企業に対しては100点を求めてはならない。到達可能なゴールを明示しなければならない。とてもできそうにない目標、あるいは割に合わない要求だと向こうが判断した場合、向こうは逆ギレするなりトンズラするなり、ともかくすべてをご破算にしてしまうことを覚悟しなければならない。

(4) 決して偉そうにしてはならない

中国人はメンツを重んじる。こちらが偉そうな態度を取ったり上から目線で話してしまうと、いつ地雷を踏むか分からない。相手のメンツを潰さないように常に配慮し、こちらは下手に出てお願いするぐらいの態度で丁度いい。

(5) 下手に値切ってはならない

日本のビジネスマンは見積もりを見ると、まず値切ろうとする。ジェネシスの顧客でも、見積もりを出すと「もう少しなんとかなりませんか」などという方が多い。ボッタクリ価格の土産物屋ならばともかく、受託製造の現場で根拠もなく値切ろうとするのは危険だ。向こうは値段を下げてくれるかも知れないが、その代わり部品のグレードを下げるなど、どこかでコストカットをしてくるだろう。

どうしてもその価格が飲めないというのならば、発注数を増やす代わりに単価を下げる、付属品を減らす、要求している品質を下げるなど条件を細かく見直すべきだ。さもなくば、なにげないお願いで節約した以上の損害を被るだろう。

中国人とのビジネスは1回1回が勝負。向こうは「この先の付き合いを考えてサービスする」などという観念は存在しない。1回ごとの取引で必ず利益を出そうとしてくるのだ。

■深圳の秘密

本章では2011年のジェネシス創業とその開発製造の状況についてまとめた。

2001年に深圳に関わりだしてからちょうど10年という節目に、私も中国で起業するという転機を迎えた。起業の後押しとなったのは中国の変化だった。かつては下請け工場ばかりで、自社製品といってもものまねに毛が生えたような物ばかりだった中国企業だが、わずか10年間で長足の進歩を遂げていた。強力な製造能力を持つ深圳のエコシステムが成熟し、この力を借りれば勝負ができると判断した。

ワーカーのストライキをきっかけとして自社工場を設立した私だが、このことによって深圳エコシステムの深奥に触れることとなった。無数のメーカーがひしめき合う深圳、企業家たちは過剰な選択肢をどう判断してさばいているのかが謎だったが、その答えは方案公司にあった。彼らの本業は基盤の設計とファームウェアの開発だが、実際はどの部品を使えばいいのかまで教えてくれるガイドの役割を果たしている。彼らの存在によってこそ、無秩序に拡大しているかのように見える深圳の企業群は、エコシステムとして機能しているのだ。

中国の成長とは裏腹に、日本の存在感は薄れるばかりだ。特に私が得意とする小ロットの製品では、日本向けの製造は面倒臭いと敬遠されることが増えていた。自社工場を作ることによって、こうしたニーズに応えられる体制が構築できたことは自信となった。

本章では動画レコーダーとタブレットという2つの製品の開発プロセスを紹介した。誰もが使えるパブリックな部品である公板公模の活用を中心として、どのように深圳を使えば、必要最低限のスペックと低価格のバランスを取ったコストパフォーマンスに優れた商品を作れるか、その実例を示している。

自社工場を持ち深圳エコシステムにより深く入り込んだ私だが、それは同時に、中国人ともより深い付き合い、取引をこなさなければならないことを意味していた。苦に思ったことはないが、いまだに中国人のことはなかなか理解できない。深く入り込み理解したと思った次の瞬間には裏切られることもしばしばだ。一生かけても理解し得ない、大きなテーマだと思う。

次章では、「イノベーションの都」を標榜するにまで成長した深圳、そしてその中で私も日本のハードウェア・スタートアップの支援をいかに行っているか、その実例を示していきたい。

第4章　深圳2014～2017「メイカーの都」とスタートアップ支援

■日本交通の川鍋会長との出会い、イオンスマホというチャンス

誰にとっても人生を大きく変える出会いがある。私にとってそれは日本交通株式会社の川鍋一朗会長だった。

●筆者と川鍋一朗会長（右）。2014年、大槻智洋氏撮影。

日本交通、そして川鍋会長は、タクシー業界の革命児として知られている。世界に追いつけ、追い越せと続々と新しいテクノロジーを取り入れて、自社のみならず日本のタクシー業界全体を変えようと汗を流している。その中核事業の1つであるタクシー向けIoT機器に携われたことは、私にとっても大きな喜びだった。

日本交通はタクシー業界の改革をするべく、子会社のJapan Taxi株式会社から配車アプリ「全国タクシー」をリリースし、大成功を収めた。次の目標に定めたのがハードウェアだった。2013年、タクシー用ドライブレコーダーに着手したが、さまざまな要因から普及にはいたらなかった。それでも導入をあきらめきれなかった川鍋会長から私に連絡があり、今度はジェネシスと直取引でもう1度ドライブレコーダーを作り直したい。リベンジに協力して欲しいとの申し出を受けた。

私はすぐに新たなドライブレコーダーの製造に取りかかった。しかしタクシー向けのドライブレコーダーは特殊な商品だ。空車・実車ウインカーを出しているか、料金メーターがどうなっているか、などの情報をインプットする必要があり、この要件をクリアしなければ、国の補助金規定を満たせないのだ。

市販品が使えないだけに、チップセットから金型まで、すべてスクラッチで開発した。それだけに時間はかかってしまったが、2015年から量産が始まると好評を受けている。2017年現在で累計3万台以上を生産しているが、故障率はかなり低レベルにまで抑えることができた。

ドライブレコーダーに続き、タクシー車載型のタブレットもジェネシスで製造を請け負った。日本交通の関連会社であるJapan Taxiが開発するさまざまな機能、すなわち、決済やデジタルサイネージ、将来的には外国人向けの翻訳など、さまざまなサービスを提供する窓口となる端末だ。IoT活用が遅れている日本において、大きなインパクトを残す存在になると確信している。

●インタビュー｜タクシー会社が深圳でハードウェアを自社製造する意義――日本交通 川鍋一朗会長

日本交通株式会社は1928年の創業の老舗タクシー会社だ。3代目を担う川鍋一朗代表取締役会長は、配車アプリ「全国タクシー」を展開するJapan Taxi株式会社の代表取締役社長も務め、配車アプリ、陣痛タクシー、初乗り料金の410円への引き下げなど革新を起こし続けている。

ジェネシスはJapan Taxiからタクシー用ドライブレコーダーおよびタブレットの製造を受託している。なぜタクシー会社自らがハードウェアを作る必要があるのか、なぜジェネシスと深圳を選んだのか、お話を聞いた。

●日本交通のドライブレコーダー。

「タクシー・ビジネスにおけるユーザーエクスペリエンスを追求すると、ソフトウェアとハードウェアの双方を自らコントロールする必要があります。我々は「全国タクシー」という自社アプリを開発

しています。次はハードウェアを手がける必要があったのです。

ただ実際に手がけてみると、ソフトウェアとは比べものにならないほど、ハードウェアは難しいことを知りました。ともかく開発に必要なリードタイムが長い。設計、試作、量産には1年もの時間が必要です。ソフトウェアですと、最低限の機能でリリースし、その後スピーディーにバグ修正と新機能追加を繰り返すアジャイル開発の手法が浸透しています。ところがハードウェアでは問題が起きても修正は困難です。

例えばタクシー内でのデジタルサイネージ事業に取り組んでいますが、実際にやってみるとお客様が乗っている状態で広告が流れていることを保証する仕組みが必要だと分かりました。そうしなければ広告効果を疑問視されてしまうのです。タクシーメーターと連動し、お客様が乗車した後に広告が始まる仕組みに改善しましたが、このためにはタクシーメーターとデジタルサイネージ端末の連動が必要です。こうした改善点が出てきても、ハードウェアでは即座に修正するのが難しいわけです。

しかも数千台単位で製造することを考えると、長い製造期間中多額の資金が塩漬けになってしまいます。また、物なので在庫は場所を取りますし、管理も大変です。

最初に開発したのはタクシー専用のドライブレコーダーでしたが、量産が不得意なベンチャーに設計を依頼したため、故障が多く問題となりました。全て無償交換しましたが、ご迷惑をおかけした方々に頭を下げ続ける日々でした。」

――なぜ専門のドライブレコーダー事業者に発注せず、中国での委託製造を決断したのでしょうか。

「専門業者は製品を高機能化させる傾向があります。それが必要な機能ならばいいのですが、オーバースペックになって過剰なコストが発生するのは避けたいと考えました。自分たちに必要な機能だけに絞り込んだ、テイラーメイドの製品ならばコストを抑えられます。

要件定義はJapan Taxiで行っていますが、この段階でもジェネシスの藤岡社長からはフィードバックをいただいています。例えば対応温度をマイナス10度以上とする場合と、0度以上とする場合では、コストがどの程度変わってくるかなどですね。こうした点は藤岡社長が熟知しています。対応温度の下限を上げれば、北海道では運用できなくなってしまうが、その代わりにハードウェアのコストが抑えられる。どちらの費用対効果が高いかを分析して決断していきます。

中国での製造を選んだ理由もコストです。中国で作るほうが圧倒的に安いと知人に聞いたためです。」

――中国製造のリスクについて不安はなかったのでしょうか？

「弊社社員も現地を視察しておりますが、藤岡社長にお任せしています。ドライブレコーダー1号機は失敗してしまったわけですが、当時も組立はジェネシスに委託していました。ただ直接取引ではなく、間に別のベンチャー企業が介在していました。間に入った企業の問題が大きかったので、藤岡社長と直接コミュニケーションを取ればリスクはコントロールはできると判断し、現在も中国製造を続けています。

藤岡社長の強みは、中国に住んでいて現地を熟知しているということでしょう。また、夢に向かって進んでいく熱さがあり、信頼できる人物です。

現在、ジェネシスに製造をお願いしているのはタブレットです。このタブレットでは各種の決済が可能となるほか、外国人向けの翻訳機能やデジタルサイネージも表示する統合端末となります。

2020年の東京五輪が大きな目標ですが、新たなタブレットを活用するソフトウェアの開発も進め、試行錯誤を繰り返しながらもより良いサービスを追求していきます。」

■「イオンのスマホ」にチャレンジ

2014年、ジェネシスに大きなチャンスが舞い込んだ。流通大手イオンが発売する格安スマートフォンの製造を受託したのだ。イオンは2014年からMVNO（仮想移動体通信事業者、いわゆる格安SIM）の販売代行と、SIMフリー・スマートフォンの販売事業に参入した。その第2弾機種として選定されたのが、ジェネシスが開発したスマートフォン「geanee FXC-5A」だ。

この端末は、指名ではなく公募で選ばれた。実は、イオンがSIMフリー・スマートフォンの販売事業者を公募するという話を聞いた時、最初はとても応募する気になれなかった。かつてデジタルカメラなどで取引があったとはいえ、今のジェネシスはまだまだ小さな新興企業だ。取引事業者として選定されるはずがないと思った。だが、事情をよく知る関係者から「日本の大手電機メーカーはまだSIMフリー・スマートフォンへの参入を躊躇（ちゅうちょ）している。今ならばチャンスはある」と背中を押された。

そこで応募を決めたのだが、重要なのは製造工場選びだ。イオンで販売される台数は数万台という大ロットだ。残念ながら自社工場で対応できる数ではない。外部のEMSに委託する必要があるが、イオンの厳しい品質要求に応えられる工場を探さなければならない。

ここで助けてくれたのが知人のメディア関係者だ。海外企業への取材を重ねていた彼は、なんとあの世界一のEMSであるフォックスコンの創業者テリー・ゴー会長と連絡がつくという。同じ業界にいるとはいえ、テリー会長は雲の上の存在、憧れの人だ。直接お願いするなど考えてみたこともなかったが、無茶を承知で会長室にファックスを送ることを決めた。

すると、驚いたことに数日後にスマートフォンのODM部門から折り返しの電話をいただいた（もっとも、テリー会長本人からではなく、別の幹部の方からではあったが）。「わかった。製造を受託しよう」との返事を聞いて足が震えた。フォックスコンの子会社である富智康集団（FIHモバイル）が製造を受託してくれるという。

ジェネシスにとって数万台は大ロットだが、フォックスコンにとっては本来ならば見向きもしないレベルの小ロットに過ぎない。よもや引き受けてもらえるとは思ってもみなかった。後から話を聞くと、受諾はテリー会長の鶴の一声だったという。若い日本人が深圳に乗り込みEMSを運営しているという経歴を聞いて興味を持ち、応援してやろうという気持ちになったようだ。

私にとってはありがたい話だったが、フォックスコンの幹部にとっては困った話だったかもしれない。「もう会長室に直接ファックスを送るのはやめるように」と釘を刺されたのだった。

サムスンやアップルとも取引を持つ世界一のEMSの後ろ盾を得た私は、自信満々でイオンに製造計画を提出し、契約の獲得に成功した。

イオンから示されたgeanee FXC-5Aの製品コンセプトは「高機能、大画面5インチで軽量化を実現しながら、端末の価格を抑えたい」というもの。つまりはライトユーザー向けのミドルレンジ格安携帯だ。

そこで設計も工夫した。メディアテック社製のSoCを採用し、メモリは512MB、本体容量も4GBと当時の主流の4分の1程度に抑えた。ディスプレイは我ながらいいアイディアを出せた。5インチという大画面ながら、解像度は逆に低いパネルを使ったのだ。解像度を低くすれば性能が低くても動作は快適になる上に電池も長持ちする。こうした割り切った設計により本体価格15,120円という低価格が実現できた。日本国内での細かいアフターサービスが受けられる製品としては破格の値段である。

製品のコンセプトと設計が固まれば次は量産だ。広東省恵州市の工場

●FIHモバイル深圳工場。筆者撮影。

で製造されることとなった。数十万人の労働者が働く、工場というよりは1つの街と呼ぶにふさわしい巨大工場だ。中国の工場といえば汚くいい加減なところが多いが、フォックスコンは別世界だった。ともかく仕事が丁寧で妥協を知らないのだ。

組立前に部品の品質検査を行うのだが、それに2か月もの時間を要したほどである。丁寧なのはありがたいが、納期は次第に迫ってくる。私は次第に焦りを感じるようになっていた。

「なぜいつまでたっても生産が始まらないのでしょうか？」

我慢の限界を超えた私は恐る恐る現場責任者に切り出した。試作品で解決されていない問題があるためだという。実際に見せてもらうと、まったく問題なく動作する。どこに問題があるのか、さっぱり分からない。そう指摘すると、担当者は「うーん、ボタンを押した感触がしっくりこないんですよ」などとぶつぶつ言っているではないか。こだわりすぎるにもほどがある！　後から聞いた話だが、ある日本メディアが「フォックスコンがイオンのスマホを受注」と報道していたため、下手なものは作れないと過度に敏感になっていたようだ。

ともあれ、そろそろ納期が危ないと製造を急ぐように頼み込んだ。面白かったのはその後の対応だ。

ようやく製造開始にゴーサインが出たが、その前に品質基準を決めるようにと言われたのだ。10個ほどサンプルを持ってきて、このうちどれが良品でどれが不良品かを判断しろという。不良品ラインを決めるためのサンプルなので、どのサンプルもなにかしら問題があったはずだが、いずれも微細な問題だ。10個のうち8個ぐらいにOKを出した記憶がある。世界一のEMSの品質基準の高さを思い知ったエピソードだ。

憧れのフォックスコンと仕事ができたことも貴重な経験だったが、ビジネスとしてはイオンと取引した会社という看板を手に入れたことが大きかった。この取引を気にジェネシスは大きく飛躍した……といけば良かったのだが、好事魔多しとはこのことだ。とんでもない落とし穴が待ち受けていた。

■倒産危機とクーデター

日本交通の川鍋一朗会長との出会い、イオンスマホの受注と話を続けてきた。こうみると順風満帆だったように思えるが、そんなに甘い話ばかりではない。

まずそもそもEMS自体が構造的な不景気産業だ。いわゆるスマイルカーブで言うと、組立こそが一番付加価値が低い工程だ。競争が激しい一方で、ワーカーの人件費は年々上昇する。同じことをしていても利益は年々減少する一方だ。実際、深圳でも倒産したEMSは少なくない。生き残るためには規模を大きくして薄利多売で利益を確保するか、特別なサービスで単価をあげて利益を確保するかのどちらかしかない。ジェネシスは日本向けに特化し、日本市場の高い要求に応えるための体制を整えた。我が社で作る製品は日本では圧倒的なコストパフォーマンスを実現しているが、中国のEMSと比較すればまだ高い単価で受注できている。そのため中国系EMSと比べれば、人件費高騰によるダメージはまだ吸収できる余地があった。

一方で日本向けだからこその問題もあった。それは為替だ。2012年秋に第2次安倍政権が誕生すると、いわゆるアベノミクスによって猛烈な円安が進行した。2012年には1ドル80円台だったレートは2015年には120円台にまで下がっている。この円安は日本の輸出産業にとっては福音だったが、我々のような日本向けの輸出企業にとっては悪夢以外の何者でもない。ざっくりいえば、円換算の製造原価が50％増しになったのだ。競争力にも影響する上に、製品を製造している間に円安が進んで利益が吹き飛ぶこともしばしばだった。2015年には、経営状況が悪化する中、ついにメインバンクから与信枠を縮小されてしまった。アベノミクス倒産の危機である。

そんな中、倒産危機を名目にして私を経営者の座から引きずり下ろそうという社内クーデターまで勃発した。内憂外患とはこのことだ。ジェネシスには、製造を担う深圳拠点、カスタマサービスを担う宮崎拠点、そして東京拠点があった。クーデターは東京組によって引き起こされた。

東京拠点はクーデターの直前に雇った人間が大半を占めている。もともと最低限のスタッフしか置いていなかったが、クーデターの少し前に開発と営業のスタッフを増強していた。イオンスマホの成功を受け、ベンチャーキャピタルから出資を受けられたことが理由だったが、運転資金ではなく将来への投資に振り向けるよう用途を制限されていた。そこで私は自社での開発能力を強化するべく、腕利きのエンジニアをスカウトし、東京を開発拠点とするプランを実行した。

とはいえ、雇用したのは5人程度。スクラッチ開発の案件を受注するには中途半端な数だったため、想定したような効果を上げることはできなかった。今から思えば、自社開発を強化するならば徹底的に強化するべきであり、中途半端になるぐらいであれば外部に委託したほうがよかった。餅は餅屋、それぞれの専門分野に集中するべきとの教訓を改めて学んだ。

また、営業スタッフもほとんど案件を受注できなかった。今になって思えば、クーデターを起こすぐらい私に懐疑心を抱いているようなスタッフが営業先でクライアントを説得できるはずがなかった。

業績でも期待した効果をあげられなかった東京組だが、そればかりか、クーデターまで起こすとは、泣きっ面に蜂とはこのことだろうか。「藤岡社長、あなたの経営手腕がこの危機につながったのだ」と吊し上げを喰らった。「あなたの朝令暮改に私たちははなはだ迷惑をしている」とも言われた。

無知をさらすようで恥ずかしいが、私はその時「朝令暮改」なる言葉の意味をよく分かっていなかった。吊し上げの後、私についてくれた部下とこんな会話をしたことを覚えている。

「あのさ、朝令暮改って言ってたけど、あれってどういう意味？」
「……あのですね、朝と夜で言うことが違う。独断専行で言うことがコロコロ変わる、っていうような意味でしょうか。」
「そうなんだ。それでさ、私って朝令暮改なのかな？」
「うーん……、まあそういう部分がないとは言えませんね（苦笑）」

我ながら頭が悪すぎる会話で恥ずかしいが、吊し上げを喰らった後にこんなお馬鹿な会話をしたことが忘れられない。

閑話休題。造反組は、会社の身売り、そして深圳および宮崎拠点の閉鎖というリストラ案を提示してきた。ジェネシスの競争力は、深圳エコシステムの活用、そして宮崎拠点も含めたセキュリティネットによる品質担保にある。両拠点を閉鎖すれば、凡百の中国製造コンサルタントと変わらない存在となってしまう。あまり賢いリストラ案とは思えなかったが、私の息がかかった人々を一掃するという裏の意味もあったのかもしれない。

造反組の要求を聞いた私はその場で反論しても無意味だと思い、彼らの主張に同意する意向を示した。ただし面従腹背、タイミングを見計らって反撃しようと心に決めていた。身売り前には買収する企業のトップとの面談があるはずだ。いくら私から実権を奪おうと画策しても、創業者にして大株主である私と会わせずに話を進めることはできない。

私の読み通り、買収する企業の役員との面談がセッティングされた。造反組も同席していたため明け透けな物言いはできないが、「思うところはあるのですが……」などと含みのある言葉で話すと、向こうもピンと来たようで、面談後に2人きりで会いたいと連絡があった。密会である。

その場ですべての内情を話した。身売りを主導していたのは造反組だったが、彼らはクーデターの事実を伏せたまま話を進めようとしていた。そこで私がすべてを伝えたのだから相手も驚いていた。

買い手の候補には2つの企業の名前があがっていた。私は双方と密会し、内情を暴露した。また造反組が作った事業計画とは別に、藤岡案の事業再建案も提出していた。造反組は深圳と宮崎の両拠点廃止という計画だが、私の案は逆に、東京の人員を徹底的に削減するという内容だった。ジェネシスの競争力が深圳の自社工場にある以上、私の計画がより説得力があるのは当然だ。買い手候補の2社からはいずれも藤岡案を支持するとの内諾を得ていた。

身売り交渉の結果、幅広くインターネット・サービスを手がけるネオス株式会社の傘下に入ることが決まった。デジタルサイネージなどIoT分野にも積極的な展開を目指している企業だ。ネオスのインターネット・サービスとジェネシスのハードウェアというシナジー効果も期待できる。理想的な買い手に恵まれたと思う。

買収が決まった後、ネオスは私を支持する姿勢を明確にした。それまで勝利を確信していた造反組は度肝を抜かれたようだ。意気消沈する造反組のリーダーに私は退社するよう求めたが、何1つ反論することなく会社を去って行った。その後、社内で早期退職の募集をかけたところ、造反組のメンバーはことごとく応募し姿を消した。買収にたずさわったネオスの女性担当者からこう言われたことを覚えている。「半沢直樹みたいな話って本当にあるんですね。私はドラマの中の話だとばかり思っていました」。

劇的な幕切れではあったが、私自身には喜びの気持ちはなかった。そもそもクーデターが起こったこと自体、私の不徳でしかないのだから。

しかしながら、東京開発拠点の不振、そして買収にあたって事業計画の評価を受けたことで、私は改めてジェネシスの競争力がどこにあるのかを認識させられた。それは深圳エコシステムを活用する能力にある。開発力は付加価値としては意味を持つが、それが根本ではない。クーデター事件はジェネシスが何を武器としているのかを見直すきっかけともなった。

●賽格電子市場のメイカースペースで筆者が行った講演会。2017年撮影。※本文とは関係ありません。

■中国の落とし穴

中国での仕事にはさまざまな罠（わな）が待ち構えている。そのすべてを回避できるようになるには時間と授業料が必要だ。

今から1年半ほど前の話だ。ある日本企業の発注を受け、タブレット端末を製造した。納品後、その企業から連絡を受けた。1万台納品したうちの2～3台だけだが、発熱する端末があるという。問題を起こした製品を送ってもらうと、確かにケースが歪んでおり、相当の発熱があったことがわかった。

原因究明を依頼されたため、タブレットの設計を依頼した方案公司（デザインハウス）に解析を依頼したのだが、その会社が突然潰れてしまった。気づけば事務所はもぬけのから。夜逃げである。中国では夜逃げは珍しくないとはいえ、よもやこのタイミングで潰れるとは思わなかった。

そう嘆いていても始まらない。中国には落とし穴が無数にある。どれだけ中国を熟知した人間でもそのすべてを避けることはできない。外国人だけではない。この地で生まれ育った中国人ですらも落ちまくっているのだから、誰も避けることはできないのだろう。ただ大事なことは、落とし穴にはまった後、いかに抜け出すかだ。

会社が潰れたとしても、働いていた人間までがいなくなるわけではない。私はありとあらゆる人脈をたどって、担当エンジニアの行方を追った。2週間ぐらいかかっただろうか、ようやく彼の再就職先を突き止めた。

夕方、職場の前で張り込みをする。夜7時ぐらいだったろうか、会社から出てきた男を捕まえた。近くのケンタッキーに連れて行き話を聞いた。担当エンジニアを捕まえれば解決の糸口が見つかるはず。これは私の賭けだった。情報管理がいいかげんな中国だ。前職での基板開発データをすべて持ち出しているはずだと踏んだのだ。聞いてみると、男はあっさりとデータを持っていると認めた。

後は価格交渉だ。基盤の回路図とファームウェアのソースコードを売って欲しいと持ちかけると、男は5万元（約85万円）なら譲ると吹っかけてきた。

回路図とソースコードは私以外には売る相手のいない「商品」だ。合理的に考えれば1円でもいいから値段がつけばいいはずなのだが、とりあえずごねて値段を上げようという腹なのだろう。そういうことならばこちらも長期戦で挑むしかない。

買い手が私しかいない以上、価格交渉の主導権は私にある。私が要らないといった瞬間に向こうはデータをコピーして渡すだけの“臨時ボーナス”を得られる機会を失うのだ。だが私にもリスクがある。もし価格交渉が白熱して、金は要らないからともかく売らないと逆ギレされてしまうと、顧客に会わせる顔がない。えんえんと価格交渉を続けたことを覚えている。

途中で場所を移して香港料理店に移った。相手に飯を食わせるためだ。腹が減っていると人間は攻撃的になるが、いっぱいになると柔和になる。特に中国人にはその傾向が強い。

長時間にわたる交渉の末、最終的に1万元（約17万円）で回路図とソースコードをもらいうけた。支払いは私のポケットマネーだ。というのも、この1万元を正規の会計で処理する方法がないからだ。

中国人経営者の多くは会社の資金の一部を個人口座で運営していて、こういうときにも“融通”が利くのだが（我が社との取引の際、当人の個人口座に振り込むよう要求されることもしばしばで困ってしまう）、日本の会計基準にも従う必要がある私にはとても真似ができない。こういうイレギュラーな問題はだいたい身銭を切って解決することになる。

もらった回路図とソースコードを参照して問題は特定できたが、根本的な解決は難しい。結局、安全を確保するため、高温になると自動的に電源が切れるような修正プログラムを作るというプランで解決することにした。例の担当エンジニアにもう1度接触し、再び金を支払ってファームウェアの修正を依頼した。私の財布は薄くなるばかりである。

こうしてタブレット発熱問題は決着した。人捜しから始まり、張り込み、交渉といった変な仕事が続く日々だった。だが、この探偵まがいの仕事をもこなす臨機応変さがなければ深圳での仕事はできない。深圳にはいろんな罠が待ち受けている。見え透いた罠を回避する能力も大事だが、罠にひっかかった後にいかにリカバーできるかはもっと重要だ。

納期が遅れている部品メーカーや外注工場に押しかけて、仕事が終わるまで監視することもよくある話だ。また、夜逃げした工場があると聞くと、掘り出し物を探しに見に行くのも大事な仕事だ。工場の前には債務管理者が待ち構えているのだが、彼らと交渉して残された設備を買い上げるのだ。

ある時は「まもなく夜逃げする」という工場経営者と会ったことがある。仲介業者を通じて、工場の設備を買わないかと打診を受けたのだ。見るだけ見てみようと訪問してみると、工場はフル稼働状態だった。夜逃げ直前の気配などみじんも感じさせない。経営者に話を聞くと、タブレットを中心としたEMS企業だが、最近受注単価が下がり利益があげられなくなってきたので、夜逃げすることを決めたという。別に金がなくて倒産するわけではない。仕事を手仕舞いする時に、従業員や取引先に代金を支払わなければそれだけ金が残るからという理由だ。

夜逃げするタイミングもよく考えていて、旧正月の直前を狙っていた。旧正月休みの前は、1年で最も忙しい季節である。その仕事をこなしてクライアントからは金をもらう一方で、サプライヤーや従業員には「この出荷が終われば金を支払うからもう少し待って欲しい」などと言いくるめておく。利益が最大化するタイミングで姿を消すという寸法だ。

この工場のワーカーにはもう3か月も給料が支払われていないという。それでも必死に働いている。経営者は旧正月前に未払い給与を清算するとして言いくるめているというが、おそらくワーカーたちは支払われないと勘づいているのではないか。だからといって仕事をやめてしまえば未払い給与をもらう権利は失われてしまう。もちろん法律的には仕事をやめても働いた分の賃金を受け取ることが保障されているが、現実的にはない話だ。自分自身すら信じていない経営者の方便に従って必死に働くワーカーたちがあわれだった。

●夜逃げ後の某深圳工場。2017年、筆者撮影。

こうした不規則案件はいくらでもある。製品出荷後、届いた先から「コンテナを空けてみたらですね、中には丸太が入っていたんですけど……」というお叱りの電話を受けたこともある。物流のどこかで盗難事件が発生したのだ。貴重な商品であればあるほど、そのリスクは高くなる。

ここまで明らかな犯罪行為ではないが、製造業のプロしか知らない落とし穴もある。それが部品のクオリティだ。

同じ部品でも品質によってランクが分かれているということをご存知だろうか。例えば液晶ディスプレイの場合、ドット欠けが少ない最上級の製品がAランクだ。一流ブランドが独占しているためにその他の企業は入手することすら難しい。ICも同じだ。半導体メーカーが出荷前にテストし、良好な結果が得られなかったものが「B品」として出回っているのだ。

以前、興味深い経験をした。ある部品代理店からスマートフォン用SoC

のB品購入を持ちかけられたのだ。有名企業のフラッグシップモデルだ。B品でもそれなりの性能が出ることは間違いない。当時、ハイエンド・スマートフォンの製造案件を持ちかけられていたので、これはチャンスだと思った。すぐさまクライアントに連絡し、部品購入の確認を取った。翌日、その代理店に連絡を取ると、「おあいにく様、もう完売したよ」との答えが返ってきた。

話を聞くと、中国の大手スマートフォンメーカーXがすべて買い占めたのだという。同社は部品原価ぎりぎりの低価格で高性能スマートフォンを販売するという戦略で急成長を成し遂げた企業だ。「ハードウェアでは利益は出ないが、集めたユーザーにサービスを提供して利益にする」とうたっているが、あるいはB品を徹底的に活用することで部品原価を下げているのかもしれない。知人にもユーザーがいるが、「スペック表を見ると最高の部品を集めているはずなのに、実際使ってみると他メーカーの同等ランクの機種よりもちょっと遅い気がします」とこぼしていた。

■「メイカーの都」深圳　未来都市への変貌

2010年代に入り、深圳は再び大きな変貌を遂げていた。「メイカーの都」「イノベーション都市」という中国、いや世界最先端の革新を生み出す未来都市との肩書きを手に入れたのだ。

世界の下請け工場から始まり、山寨（シャンジャイ）携帯という怪しげなプロダクトを生み出す街に変わり、そしてなにやらオシャレなイノベーション都市へと姿を変える。そのすべてを目にしてきた私にとっては驚くばかりの変貌だ。深圳を活用した製品開発は以前から続いてきたが、2010年代に入ってこうした変貌を遂げたのにはいくつか理由がある。

第1の理由は人件費の高騰だ。「巨大な後背地を持つ深圳にはいくらでもワーカーが集まってくる、労働者需要が高まっても人件費は上がらない」などと言われていた時代もあった。しかし2000年代半ばから中国政府による最低賃金引き上げ推進政策や、中国中西部の発展に伴い出稼ぎ労働者が減少するといった要因もあり、人件費は急カーブで上がり始めた。EMSなど低付加価値の産業は次第に追い込まれていく。広東省政府は「騰籠換鳥」（鳥かごをあけて中の鳥を入れ替える）と呼ばれる産業転換政策を断行、低付加価値産業は他地域に移るように促した。深圳に残りたければ、イノベーションに取り組むなど付加価値を上げるか、大規模化して薄利多売で稼ぐしかないという状況に追い込まれた。

第2の理由はIoTという技術トレンドだ。インターネット・サービスを受ける窓口はそれまでパソコンかスマートフォンかという二択だったわけだが、IoT時代にはさまざまなデバイスが求められる。その代表例がアマゾンではないだろうか。もともとはネットショッピングのためのウェブサイトだったが、現在はスマートスピーカーやアマゾンダッシュボタンなど数々のハードウェアを開発し、自社サービスに接続するためのチャネルを多様化している。

IoTにおける競争力の核心はネットサービスだが、だからこそハードウェアはなるべく低価格に抑える必要がある。このニーズに深圳はぴったりだ。かくして多くのIT企業が深圳に進出するようになった。

第3の理由はメイカームーブメントとハードウェア・スタートアップの台頭だ。テック系スタートアップというとインターネット・サービスを開発する企業が多かったが、ハードウェアの分野に挑戦するベンチャーが世界的に増えてきたのだ。

2012年には深圳の中心、華強北に世界初のハードウェア専門アクセラレータ（スタートアップに資金とコンサルティングを提供し成長をサポートする企業）である「HAX」が誕生した。見込みのあるハードウェア・スタートアップをピックアップし、深圳に呼び集め、約4カ月の短期間で事業や製品をブラッシュアップするというプログラムを実施している。スタートアップ版「虎の穴」とでも言うべき存在だ。プログラムに参加したスタートアップのいくつかと会ったことがあるが、みなちょっと小汚い格好をしていて、なりふり構わず製品作りに没頭している姿が好感を持てる。

スタートアップには金がない。低開発費・小ロットでの開発製造を行うには、深圳は理想の地だ。HAX関連のみならず、多くのハードウェア・スタートアップが深圳のエコシステムを活用して、独自の製品を生み出している。インターネットのスタートアップにとっての聖地がシリコンバレーならば、ハードウェアの聖地は深圳だ。この都市が「ハードウェアのシリコンバレー」と呼ばれるようになったゆえんだ。

●深圳ソフトウェアパーク。2017年、伊藤亜聖氏撮影。

そして第4の理由が中国政府による支援だ。2014年、李克強（リークーチアン）首相は「双創（シュワンチュワン）」、すなわち「大衆創業、万衆創新」（大衆による起業、民衆によるイノベーション）なるスローガンを打ち出した。国有大企業ではなく、新興企業によるイノベーションが中国経済の新たなエンジンになるとの戦略を明確にした。

中国全土で「双創」推進の取り組みが進められているが、深圳は最先端のモデル都市という位置づけだ。2015年からは「双創週」（メイカーウィーク）なるイベントも開催されている。2015年と2016年には李克強首相自らが出席し、深圳の有力スタートアップを視察している。政府の強い支持を受け、深圳各所にはスタートアップを支援するインキュベーター施設が林立している。

こうした支援を受けて今、中国には続々と野心的な企業が誕生している。民生用ドローンで世界一のシェアを持つ「DJI」、簡易にロボットを組み立ててプログラミングを学べる「メイクブロック」、360度カメラの「insta360」などは世界でも注目を集める有力企業として飛躍している。

本書で繰り返し語ってきたように、私はその都度その都度で自分のビジネスのために最良の判断を下していたつもりだが、後から振り返ってみると深圳の変化という潮流に乗っかっていた。時代を先取りしていたと自慢するつもりはない。時代の波に乗らなければ生き残れなかったということではないか。このメイカームーブメントとハードウェア・スタートアップという潮流にもジェネシスはいち早く参画していた。

2014年8月、ジェネシスはハードウェア・スタートアップ向けの支援サービスを開始した。まだプランや試作品の段階で相談してもらい、私からもアドバイスをしつつ、最終的にはジェネシスでの量産を目指すというプログラムだ。日本の起業家の間でも知られる存在となり、今では年に100件近い案件が持ち込まれるようになった。日本で話題となった商品も少なくない。その1つであるパーソナルロボット開発のスタートアップ「ユニロボット」の事例を、酒井社長の言葉を交えてご紹介したい。

●インタビュー｜ハードウェア・スタートアップ「ユニロボット」が見た深圳——ユニロボット 酒井拓代表取締役

ユニロボット株式会社の酒井拓（さかいたく）代表取締役は、もともと大手商社で勤務していたが、2013年頃からコミュニケーションロボット開発を構想するようになり、2014年8月にユニロボット株式会社を創設した。

音声で対話するコミュニケーションデバイスは近年、IT巨頭が参入するホットスポットとなっている。たとえばスマートスピーカーの分野では、アマゾンの「Echo」は米国で大ヒットを飛ばし、グーグルは「Google Home」、日本ではLINEも「Clova WAVE」を発売している。また、コミュニケーションロボットではソフトバンクの「Pepper」を筆頭に、国内外で多くの企業が製品をリリースする激戦区だ。

先行企業に対し、ユニロボットは「パーソナル化」と「ロボットのインターフェイス」という2つの切り口から対抗しようとしている。

まず前者だが、同社の中核技術はクラウド上に構築された独自のパーソナルAI「コンダクターエンジン」だ。日常会話や感情をディープラーニングで学習し、個々のユーザーに対応したデータベースを構築する。1人1人のユーザーに合わせた、かゆいところに手が届くサービスを実現しようというわけだ。

そしてもう1つの切り札がロボットのインターフェイスだ。コミュニケーションデバイスはこれまでになかった新しい製品だ。対話機能を備えたスピーカーやタブレットが完成したとしても、それを使う人間側が対話しようとする気持ちにならなければ利用頻度は上がらない。そこで親しみやすい、かわいげのあるロボット「ユニボ」をインターフェースとすることで、話しやすさを実現している。世界で無数の企業が参入する注目分野に独自の切り口で挑む、日本期待のスタートアップ企業である。すでに介護企業との提携が決まるなど着々と歩みを進めている。

もっとも、この革新的な製品を作り出すハードルは決して低いものではない。AIの開発では少なからぬ課題が存在したはずだが、前職でシステム開発の経験を持つ酒井氏だけに、ある程度“勘”が働く分野だったはずだ。とはいえ、ロボットの開発や量産といったハードウェア製造の経験はない。また、コスト面から量産は中国で行うことを決めていたが、中国EMS利用に関するノウハウも欠けているという問題があった。そこで私にお声がけしていただいたというわけだ。

酒井氏は言う。

●ジェネシスで量産されたユニボ。2017年。

「コスト面から中国での量産を決めていましたが、やはり最大の課題は、品質のコントロール、そして中国とのコミュニケーションの難しさでした。中核部品である基盤の表面実装作業ではエラーが続出し、量産前試作機の完成までにも相当の時間がかかりました。もちろん中国側に改善要求を出すのですが、彼らの品質基準は日本とはまったく違います。中国ではハイレベルの工場にお願いしたので、だいぶ良いほうだとも言われましたが……。また、改善要求を出してもそれが伝わらなかったり、あるいは伝わっているはずなのにまったく違うものが出てきたり。予想していた以上に問題が多発しました。」

コスト面で圧倒的なパフォーマンスを誇る中国製造だが、とかく落とし穴が多い。日本人が常識だと思って見過ごしてしまう点、すなわち思いもよらないところで信じられないような問題が起こるのが中国だ。

「ユニロボットがジェネシスに依頼したのは組立の部分です。基板や金型の製造は私たちの担当個所だったのですが、なかなかジェネシスにお願いする段階に行き着けなかったというのが正直なところです。

ただジェネシスの担当工程に行き着く前の時点でも、藤岡さんは本当に親身になってアドバイスしてくれました。そうですね、まるでユニロボットの社員であるかのように、私たちに寄り添ってくれたと感じています。日本側、中国側、双方の事情に精通しているのはもちろんのこと、スタートアップの製造支援の経験も豊富なので、何が落とし穴になるかをよく理解されていると実感しました。

最初の契約で我々が依頼した量産台数は1,000台です。決して大儲けできるような案件ではないはずですが、それでも誠心誠意相談に乗ってくれました。気概と志を感じました。」

酒井氏の言うとおり、中国での製造はコスト的にはきわめて魅力的だが、さまざまな問題があることも事実。こうした難題の数々に直面して中国での製造を諦める会社も少なくない。

しかしユニロボットの事業はきわめてユニークだ。その飛躍を手伝えるならばと、私も力を入れて支援した部分はある。そして何よりも重要なのは、障害に遭遇してもあきらめない粘りと根性だ。さまざまなトラブルに直面しても、ユニロボットはあきらめず粘り腰で前進してきた。その苦労はノウハウとして会社の財産になるのではないか。

「中国で多くの問題があったと言いましたが、それでもデメリット以上にメリットがあったことも事実です。そもそも日本で製造するならば、最低発注数は1万台からスタートという話になります。スタートアップがお願いできる数量ではありません。

コスト面の魅力はすでにお話しましたが、単なる“安かろう悪かろう”ではありません。問題はありましたが、値段以上のコストパフォーマンスがあると感じています。ジェネシスの工場を視察させていただきましたが、黙々と働く熟練ワーカーは素直に尊敬できますね。均質的な仕事をちゃんとこなせる点で高いレベルにあると感じました。

ジェネシスは最低発注数が1,000台という小ロットを引き受けてくれた上に、しかも開発工程に合わせてその1,000台の分納や仕様変更まで認めていただきました。

ユニボのハードウェアはブラッシュアップを重ねていますが、最大のポイントはマイクです。もともとはユーザーの声を聞き取る装置をシングルマイクとしていたのですが、これでは必要な性能を出せないことがわかりました。そこで指向性マイクを束ねたマイクアレイに切り替えたのです。

小ロットな上に細かな仕様変更にも応じてくれる。こうした臨機応変さは日本では実現不可能だったのではないでしょうか。」

誤解がないように言っておくと、分納や仕様変更はいつでも受けられるものではない。ユニロボット側がきわめてユニークな製品を作っているためこうした問題は最初から織り込み済みだったこと、そして生産スケジュールなどについて私に一任してくれたがゆえにどうにかできた話である。

最初から完成品が作れればそれにこしたことはないが、新たな分野に挑むベンチャーには難しい。だからこそEMSもベンチャーの案件は喜ばない。日本と比べれば小ロットの生産がやりやすい中国のEMSですら、本音を言えば受けたくない。いや、私の会社だって利益のことだけを考えれば、スタートアップは割に合わない。

だが、ハードウェアというそもそも七面倒臭いものをベンチャーが作るためには、周囲が支えなければ成り立たないというのが実情だ。日本にも志があるEMSはあるだろうが、コスト的に実現できない。それが可能なのが深圳であり、ジェネシスだと言えるのではないか。

ユニロボットは創業から3年あまりを経た2017年10月、ついにコミュニケーションロボットの一般販売を開始した。早くも介護関連など多くの企業から熱視線を集め、メディアでも話題の有力スタートアップとして一目置かれる存在である。

「ジェネシスの藤岡さんは中国製造のパイオニアです。豊富な経験と志でハードウェア・スタートアップを支援しています。私たちも本当にお世話になりました。」

●ジェネシスで量産されたユニボ。2017年。

■歴史が作り上げた深圳のエコシステムとその未来

私の人生と深圳の歴史について描いてきた物語もついに最終章を迎え

た。安価な労働力だけがリソースだった深圳は時代とともに変化し、今では「イノベーションの都」と讃えられるまでにいたっている。

興味深いのは、この進化を支えたのが天才やハイレベルの技術者、あるいは国家の産業政策ではなく、見よう見まねで作られた雑な工場だったり、怪しげな電子機器を作っていた草の根の企業家の集合体によって作られたという点だ。

エコシステムという言葉は近年よく聞くようになった言葉だ。「エコシステムを作ることが重要だ」などという提言を聞くこともある。日本の町工場を連携させて、深圳のようなエコシステムを形成するべきだなどと言う人もいる。そのたびに、果たしてそんな簡単に生態系を作れるのか疑問に思う。

少なくとも深圳のエコシステムは最初から計画されて作り上げられた人工林ではない。個々のプレーヤーが自分の利益のために、生き残るために必死に動き回った結果の集合体であり、混沌としたジャングルだ。方案公司というガイドが登場することで、このジャングルを活用する方法が見つかり、今の繁栄を迎えている。

もっともこの状況がいつまでも続くわけではない。深圳では常に厳しい競争が続いており、敗者はすぐに淘汰される厳しい世界だ。これまでと同様、今後も劇的な変化が続いていくだろう。

今後の深圳はどう変わっていくのだろうか。1つの方向性は、頭脳重視のイノベーションだ。深圳の製造力を求めて中国内外からテクノロジー企業がこの地に進出している。有力企業に就職しようと優秀な人材が集まった。彼らの多くは起業の夢を抱いているだけに、今後さらに多くのテクノロジー企業が誕生するはずだ。

その一方で、製造業は高騰する不動産価格と人件費という問題に苦しめられている。破綻した、または深圳の外に移転した企業も多い。このトレンドは今後も続くことは間違いない。そうなると深圳が空洞化するのではないかとの指摘もある。無数のプレーヤーがひしめきあっていたからこそ、深圳のエコシステムは機能したのだ、プレーヤーの数が減れば今の環境は維持できないのではないか、と。中国人企業家にもこうした見方を取る人は多いようだ。「これ以上深圳では無理だ、すぐにでも移転しなければ」とのぼやきを聞くことは日常茶飯事である。

ただし、こうしたぼやきは何も昨日今日始まったのではない。広東省政府が産業構造転換を目指す「騰籠換鳥」政策を発表したのが2008年。この頃から10年間、ずっと同じ愚痴が言われ続けているのだ。

対応できない企業は消えていくが、努力によって付加価値を上げられる企業は生き残る。その新陳代謝はもうしばらく持つというが私の考えだ。

なにしろ深圳に代わりはない。大企業ならばサプライヤーごと引き連れて移動できるかも知れないが、中小企業にとっては必要なものすべてがコンパクトに集まっている魅力はなにものにも代えがたいものがある。ジェネシスも付加価値を上げていかなければ淘汰されることになるだろうが、日本市場のニーズに応えられるクオリティや新たな製品分野への対応といった企業努力を続けることで生き残っていけると確信している。

おわりに　日本の製造業は私たちが引き継ぐ

■IoT時代におけるハードウェア企画〜製造のノウハウ

ここまで私の人生を題材に深圳の歴史と世界を描いてきた。最後に日本の製造業の担い手たちに伝えたい話をまとめたい。本節では今深圳の製造業の中核製造品の1つであり、今後日本での需要が大きく高まるジャンルと目されているIoTの企画、製造ノウハウについてお伝えしたい。

Iot（Internet of Things）とは、あらゆる物がインターネットを通じてつながること、それによって実現する新たなサービスを意味する。ICタグや組み込みシステム、さまざまなセンサーが相互に情報をやりとりできるようになる。今後、AIの時代が到来すると言われているが、その前提となるのはインターネットにつながったセンサーによる情報（ビッグデータ）の収集だ。その意味では次世代の基幹産業と言っても過言ではない。

IoTを活用するとどうなるのだろうか。ネットワーク対応のタブレットPC型モニターを使用すれば、コンテンツはサーバー側でいつでもリアルタイムで入れ替えが可能となる。店員が入れ替える手間を省けるほか、地域や店舗ごとでの変更など細かく対応できる。デジタルサイネージが稼働しているかどうかもリアルタイムで把握ができる。

今、IoT機器を用いた新サービスを提供しようとする日本のスタートアップが続々と登場している。私のもとにも1年間に100件は製造の相談が持ち込まれてくる。とはいっても、そのうち実際に製造に至るのは5〜6件といったところだが。

そうした日本のスタートアップにアドバイスしたいのは、ハードウェアの性能は必要最小限に抑えることだ。主体であるサービス、コンテンツ、ビジネスモデル（いわゆるコト）を実現することに注力するためには、デバイスをきわめてシンプルにするべきである。スタートアップがハードウェアで差別化することはきわめて困難だし、大手企業ですらモノ単体では難しいという事実は、日本のエレクトロニクスが苦境に陥っていることから明らかだ。アイディアやサービス、コンテンツ、ビジネスモデルで新規性を打ち出し、デバイスはそれを実現する手段と割り切るべきだろう。

スタートアップ企業は、自己資金やクラウドファンディングによる資金調達が主で、少ない資本の中での立ち上げが求められるために、より一層の小ロット、低コスト、短リードタイムが求められる。決してデバイス側に高機能を求めず、アプリ・サービス側で付加価値を創出するべきだ。初期投資額や製造ロット数を下げ、デバイスに必要とする資金を限りなく少なくし、よりスピーディーに「コト」を実現しなければならない。

具体的なポイントをあげよう。まず、通信方式を極めてシンプルな構成に落とし込む必要がある。携帯電話SIMを内蔵するよりも、Wi-Fiを搭載したほうがシンプルとなる。そして、それ以上にBluetoothによってスマートフォンと連動する形式がシンプルだ。どのような通信手段を採用するかで、デバイス単価と初期投資が大きく変わる。

例として、ネットワークカメラを製造するケースを考えてみよう。Wi-Fiモジュールであれば部品コストは1台300円。それがSIMモジュールになると3,000円になり、10倍もの違いがある。しかも販売にあたっては総務省から電波法の技術基準適合証明（技適）を取得する必要があるが、そのコストもWi-Fiでは50万円、SIMでは300万円と大きな違いがある。1,000台を製造する場合、部品コストと認証コストを合わせた価格差は1台あたり5,200円に達する計算だ。

第2に、クラウド側でできること（クラウドコンピューティング、ストレージ）はクラウドに全部やらせるべきだ。デバイス側のストレージは必要最小限にしなければならない。余剰を出す設計にすると、1台あたりのコストはさほどではないと思っても、量産機数全体でのコストは膨大なものとなる。またリッチなCPUを使えばその部品コストがかかるだけではなく、消費電力が上がってバッテリーのコストにまで跳ね返ってくる。

相談を受ける立場からすると、こうした割り切りができていないスタートアップは少なくない。

そして、量産にあたっては「ハードウェアのシリコンバレー」深圳を活用することを強くおすすめする。前章でお伝えしたように、今や世界中のハードウェア・スタートアップがこの地に集まってきているが、その魅力はコストの安さと製造スピードの速さ。スタートアップにとって理想的な環境が整っているのだ。

深圳のエコシステムとサプライチェーンを活用することにより、プロトタイプからの量産以降は非常に容易になった。たとえば、Raspberry Piの機能を置き換えるモジュールKitを使用し、既成の3D CADデータ、プリント基板のガバーファイル、PCBAのBOMさえあれば、金型製作を含め約60日ほどで量産ができる。出荷が遅れれば模倣品が登場しかねないクラウドファンディング用の量産にはうってつけだ。

なぜこれほどのスピードが実現できるのか。ここまで説明してきた深圳のエコシステムがあるがゆえだが、実際に日本でスクラッチ開発した場合と深圳のエコシステムを活用した場合で比較してみよう。次の図は、Android OSで動くセットトップボックスを作ると仮定したスケジュールとコストの比較だ。

●国内でスクラッチ開発した場合と、深圳のエコシステムを活用した場合の比較

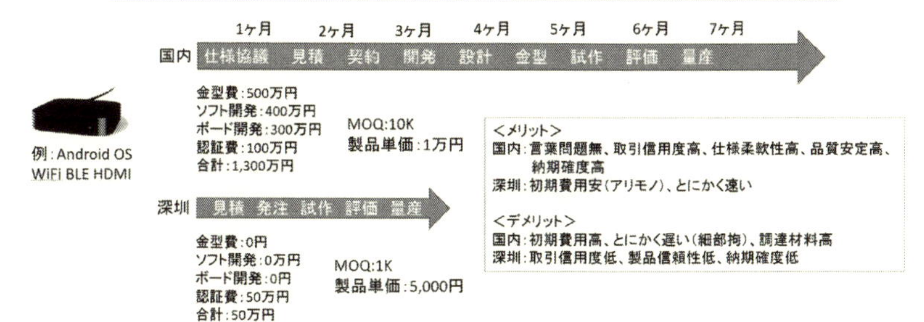

深圳では公模（パブリック・モールド）を使えば金型費用は不要だ。公板（パブリック・ボード）を使えばソフト開発費用と基盤開発費も不要となる。また公板公模を使えば最低発注数量も少なくていい。深圳には認証取得が可能な機関がそろっており、そのコストも安い。

結果として、日本で作れば7カ月以上、製品単価は1万円、最低発注数は1万台となるのに対し、深圳で作れば4カ月足らずで完成し、製品単価5,000円、最低発注数は1,000台に押さえられる。

もちろん深圳で作るデメリットもある。日本人からすれば言語の壁もあるし、中国の商慣行による落とし穴もいたるところに掘られている。また中国では機械部品の輸入規制が厳しく、日本から部品を持ち込もうとすると途端にコストが跳ね上がる。基本的に中国の部品を使う必要があるが、どうしても信頼性や耐久性は低くなる。

一見さんにはハードルが高く、下手に手を出せば手痛いしっぺ返しが待っている。バラの花には棘（とげ）があるというときれいすぎるかもしれないが、リスクはあってもコストとスピードは魅力的だ。

■日本のスタートアップ、製造現場、行政に伝えたいこと

もしスタートアップの方々が、深圳を活用したいがリスクも回避したいと思うのならば……。その時こそ私を訪ねてきて欲しい。これは宣伝ではない。飛躍したいという若人がいるのならば、その手助けをしてあげたい。そういう私の心意気からだ。

本音を言うと、スタートアップの製造は儲かる仕事ではない。製造数は少ないのに、面倒な仕様が多い。深圳の中国EMSでも断るところが大半だろうし、私とてソロバン勘定だけならば受けないほうが得だ。

もしも私のところにやってくるのであれば、次のことはお願いしたい。まず、繁忙期である旧正月前の3か月間は避けてほしい。営利企業として稼げる仕事を断ってまでスタートアップの仕事を受けることは難しい。また、製造や納期についてはこちらにすべておまかせしてほしいということもお願いしている。複雑怪奇な深圳の生態系を活用するのは初心者には不可能だ。事情を熟知している私たちのやり方に任せてくれることが、最終的には製品の質を上げ、納期を早めることにつながる。

このあたりの事情をなかなか分かってもらえないスタートアップは多い。「俺はすごい人間」とふんぞりかえっている輩が多いのだ。まあ会社を成功させるには根拠のない自信は必要なのでそれが悪いわけではないが、こちらが心意気で仕事をしているのに、アポの時間も守らず、下請けは言うことを聞けとばかりにあれこれ頭ごなしに指図してくるようではとても仕事をする気にならない。だから私もスタートアップの製造は人を見てやっているというのが本当のところだ。仕事をして楽しい、やりがいを感じる人間とは組む。そうではない人間にはお帰り頂くというわけだ。

イラッとするようなことがあってもスタートアップの支援を続けるのは、1つの思いがあるからだ。

この20年で日本の製造業は、半導体産業は死んでしまった。20年前、

そう私が就職活動を行っていた時には、製造業は花形産業だった。我々の親世代が寝る間を惜しんで働き、日本をエレクトロニクスの大国にしてくれていたのだ。その素晴らしい蓄積を日本はいともたやすく失ってしまった。

時代の流れだ、仕方がないというのはたやすい。だが変化に対応した生き残りの仕方はあったはずだ。空洞化が叫ばれる台湾にせよ、フォックスコンしかりメディアテックしかり、時代の変化にキャッチアップして成功した企業はある。総崩れの日本は何をやっていたのか。

今、ハードウェア・スタートアップやメイカーズという新しい流れが生まれている。これは日本にとってもチャンスのはずだ。1度死んでしまった産業を復活させるのは容易ではないが、この貴重なチャンスをみんなの力で守り育てていくしかないだろう。

そのためには何が必要なのだろうか。優れたハードウェア・スタートアップが出てくるだけでは不十分だ。深圳を見て欲しい。1人1人は超合理的で情に流されない中国人だが、深圳全体を見てみるとエコシステムという形で人の力を借りて生きる世界が生まれている。日本は真逆だ。1人1人の人間は親切だが、全体を見てみるとバラバラ。協力することなく、ばらばらに動いている。

深圳、中国は人間関係のつながりだ。会社間の分業とは、ミクロの目で見れば、人と人とのつながりにほかならない。ある会社を訪問しておしゃべりし、今の課題を打ち明けると、あそこはどうだここはどうだとアドバイスがやってくる。合理的な人々だから自分が損になることはやらないが、逆に損にならないのであればアドバイスしたり自分の人脈を相談すれば恩を売れるという打算が働く。損得を勘案した打算だが、それが人と人とのつながりを生み出す。こうしたつながりが全体で見ればエコシステムという形で世界一の競争力につながっているわけだ。これが日本でもできないものだろうか。

中国人は合理主義者だ。結局金への執着心から始まる合理的な思考が今のグローバリゼーションの時代にマッチしているのではないか。余分なものをそぎ落とし高スピード低コストで物事が運ぶ。人に恩を売ろうとさまざまな紹介などつながりを生み出していく。

なぜ日本では同じことができないのだろうか。「メイカーフェア深圳」の主催者であり、メイカー向けプリント基板制作サービスを展開するSEEEDの創業者であるエリック・パン氏にこの質問を投げかけたことがある。同氏は「日本の町工場、製造業はあまりにも保守的だからだ」と断言していた。なるほど、確かにそうかもしれない。ならば、その保守的な状況を変えられないものだろうか。

私は希望を持っているが、深圳エコシステムのエヴァンジェリスト（伝道師）として知られる高須正和氏はより辛辣だ。「変わろうとしている人はもう動き始めているはずです。今さら啓蒙などちゃんちゃらおかしい」。

なるほど、そうかもしれない。かつて経産省の官僚が私を訪ねてきたことがある。日本の町工場を変えるにはどうしたらいいかと意見を求めるためだ。私は言った。「体育館を借りてください。そこに深圳の製造業関係者を連れて行き、日本の町工場とマッチアップする。その手はずを整えることが私にはできます。ただし、そこに日本の町工場の人がやってくるかどうか。それは私にはどうしようもない話です」。官僚は絶句していた。そう、問題は日本の内部、人々の意識にあるのではないか。

もちろんその中には変化を求めるイノベーティブな人もいる。高須氏から聞いた話だが、ある町工場では小型成形機を作ってメイカーフェアに出展したという。メイカーフェアとは企業の展示場というよりも、よりホビーの色が強い場所なのだが、そんなことは構わずに前進した結果、海外からもぽつぽつと発注が来るようになったのだそうだ。ダメ元でもいいから突撃する精神を持っているかどうか、生き残るためにすべての手段を尽くす根性があるかどうか、それが問われている。

スタートアップ、日本の製造現場に物申したが、もう1つ、日本の行政にも伝えたいことがある。それは「意欲と可能性があるが、実績がな

●「メイカーフェア東京」に出展したジェネシスのブース。

い有象無象を支援せよ！」ということだ。

今の日本行政はとかく名が売れたものには手厚く支援するが、そうではないものにはとことん厳しい。支援が必要なのは、実績がないもの、名が売れていない人々ではないか。捨て金になるかもしれない。だが100の失敗から1つの成功が生まれるような、そういうハイリスク・ハイリターンの世界が製造業だ。成功するところだけを選別して支援しようなどとは、全知全能の神ならぬ人間には不可能としか言いようがない。やる気のある者、最低限の能力がある者を広く支援する。多くが失敗するだろうが、そこから1本のホームランが生まれればいい。こうした発想の転換が必要ではないか。

また行政からよく聞くのが「ハードウェアのシリコンバレー」深圳を日本でも再現したいという話だ。なるほど、日本にもその成功を再現したいと思うのは信条だろう。

だがそれは無理だ。本書をここまでお読みになった方は分かるだろうが、世界に1つしか存在できない、希有な場所が深圳なのだ。目指すべきは深圳のエコシステムを日本も活用すること、そこから利益を上げられるような枠組みの作り方だ。日本で要素部品を作り、それを深圳で活用してもらう。そうした関係も十分考えられるはずだ。ないものねだりや無謀な発想ではなく、今の状況を十全に理解した上でどう動くのか、現実的な判断が必要だ。

あとがき

最後までお読み頂きまして、ありがとうございました。私は中国の深圳でハードウェアを作り続けてきましたが、気が付けばもう10年以上がたちました。当時と今ではもう別の国と言ってよいほど、何もかもが変わりました。

チームラボの高須正和さんが主催する「ニコニコ技術部深圳観察会」というツアーがあります。「ハードウェアの聖地」深圳を訪問し、メイカーたちと交流するイベントです。3年間でもう7回ほど協力させて頂きました。派生した見学を含めると100回近く、延べ数百人の方に、当社の深圳工場に足を運んで頂きました。その際、私からは深圳の良いところや悪いところも隈(くま)なくお話申し上げました。さらには高須さんの著書『メイカーズのエコシステム　新しいモノづくりがとまらない。』（インプレスR&D刊）に寄稿させて頂いた後、単独で著書を出版することになり、本書に至っております。

この本が、これからハードウェアビジネスを始めようとする方、既に始めていて中国生産委託を考えておられる方などに少しでもお役に立てればと思います。

私が行っている事業は製造受託ですが、私は時としてこの仕事を病院のような仕事だなと思うことがあります。来られる“患者さん”は何かしら困っています。私たちの助けを求めています。

日本にいる当社の社員（外来担当医）たちが相談に乗って、当社代理店が取り扱う既存製品でサービスが解決できる場合もあります。公板や公模を使ったような、ジェネリック薬品を処方して問題を解決できる場合も多くあります。なかには、病院長（私）が自ら執刀する大手術が必要な案件もあるでしょう。企業として存在している以上、利益を追求するのは当然ですが、やはりそれ以上にハードウェアでお困りの方を救いたいという気持ちがないと、性悪説が前提の中国で、沢山の案件を捌(さば)いていくのは容易ではありません。

深圳のスピードは留まるところを知らず、私たちも手の届かないところで新しい生態系へドンドン進化をしていきます。物価や人件費が高騰し続ける中、果たしてどこまでこの地で製造を営めるのかは分かりませんが、そこにサプライチェーンがあり続ける限り、私はこの地で1人でも多くの方の悩みを解消し、サービスや夢を実現するお手伝いをしていきたいと思っております。

最後になりますが、この本を監修してくださったフリージャーナリストの高口康太さん、編集・素材提供で協力いただいたチームラボの高須正和さん、東京大学の伊藤亜聖さん、TMRの大槻智洋さん。そしてインプレスR&D・Next Publishingの桜井徹編集長、向井領治さんには、本当に感謝申し上げます。

最後までお付き合い頂き、ありがとうございました。

Jerald Fu　藤岡淳一

2017年10月吉日、深圳市宝安区にて

著者紹介

藤岡 淳一（ふじおか じゅんいち）

1976年生まれ。株式会社ジェネシスホールディング代表取締役社長、創世訊聯科技(深圳)有限公司董事総經理。KDDI∞Labo 社外アドバイザーを兼務。2011年に中国・広東省深圳市で起業し、現在は日本企業のICT・IoT製品の製造受託に取り組む。そのかたわら、スタートアップ企業の量産化支援を手がけ、案件相談や支援要請が殺到している。ニコニコ技術部深圳観察会や深圳SEG Maker日本人ブースなど日本のメイカー、起業家を支援。深圳のハードウェアサプライチェーン＆エコシステムを活用した日本向け製造案件の第一人者として、多くの日系企業や政府関係者から信頼を集めている。

◎本書スタッフ
執筆協力：高口 康太
アートディレクター/装丁：岡田 章志＋GY
編集：向井 領治
デジタル編集：栗原 翔

●本書の内容についてのお問い合わせ先
株式会社インプレスR&D　メール窓口
np-info@impress.co.jp
件名に「『本書名』問い合わせ係」と明記してお送りください。
電話やFAX、郵便でのご質問にはお答えできません。返信までには、しばらくお時間をいただく場合があります。なお、本書の範囲を超えるご質問にはお答えしかねますので、あらかじめご了承ください。
また、本書の内容についてはNextPublishingオフィシャルWebサイトにて情報を公開しております。
http://nextpublishing.jp/

「ハードウェアのシリコンバレー深セン」に学ぶ－これからの製造のトレンドとエコシステム

2017年11月24日　初版発行Ver.1.0（PDF版）

著　者　藤岡 淳一
編集人　桜井 徹
発行人　井芹 昌信
発　行　株式会社インプレスR&D
〒101-0051
東京都千代田区神田神保町一丁目105番地
http://nextpublishing.jp/

ISBN978-4-8443-9803-5

NextPublishing®

●本書はNextPublishingメソッドによって発行されています。
NextPublishingメソッドは株式会社インプレスR&Dが開発した、電子書籍と印刷書籍を同時発行できるデジタルファースト型の新出版方式です。 http://nextpublishing.jp/

Printed in Japan
落丁、乱丁本のお問い合わせは
Amazon.co.jp カスタマーサービスへ